DIE PEPERONI-STRATEGIE TO GO

JENS WEIDNER

DIE PEPERONI-STRATEGIE *to go*

Positive Aggression im Alltag gewinnbringend einsetzen

Campus Verlag
Frankfurt/New York

ISBN 978-3-593-51824-4 Print
ISBN 978-3-593-45596-9 E-Book (PDF)
ISBN 978-3-593-45595-2 E-Book (EPUB)

Umschlaggestaltung: zeichenpool, München
Umschlagmotiv: © shutterstock, D. M. Random Illustrator
Satz: DeinSatz Marburg UG | tn
Gesetzt aus: Minion, Myriad, Mojito und Niveau Grotesk
Druck und Bindung: Beltz Grafische Betriebe GmbH, Bad Langensalza
Beltz Grafische Betriebe ist ein klimaneutrales Unternehmen (ID 15985-2104-1001).
Printed in Germany

www.campus.de

Inhalt

Spice up your life – Willkommen bei den Peperonis *to go*!

VERMUTLICH, LIEBE LESERINNEN UND LESER, sind Sie die meiste Zeit feine Menschen, spenden an Hilfsorganisationen und helfen Omas über die Straße. Das ist großartig! Aber ich möchte, dass Sie sich bei der Lektüre ausschließlich auf die Schattenseiten Ihres Persönlichkeitsprofils im Business konzentrieren, und mein Anliegen ist es, dieses noch ein bisschen schattiger zu machen, damit Sie für die Momente im Berufsleben gerüstet sind, in denen man Ihnen ans Leder will! Denn egal ob etablierte Führungskraft oder Newcomer auf der Karriereleiter, es gilt die Regel: Je höher Sie aufsteigen, desto mehr Gestaltungsmöglichkeiten und Einkommen erwarten Sie – aber desto krasser werden auch die Begegnungen mit Menschen, die Ihre Pläne durchkreuzen wollen, weil sie auf Ihren Job scharf sind oder Sie und Ihre Ideen ablehnen. Machen Sie sich keine Illusionen: Niemand wird automatisch gefördert, nur weil er oder sie einen guten Job macht. Manchmal geschieht sogar das genaue Gegenteil: Man legt Ihnen absichtlich Steine in den Weg, um Ihren Aufstieg zu erschweren oder gar zu verhindern. Manchmal stolpern Sie aber auch über Ihre eigenen Unzulänglichkeiten und machen sich das Leben unnötig schwer, weil Sie falsche Entscheidungen treffen oder authentische Feedbacks verteilen, die vermutlich stimmen, Ihnen aber im Business nie verziehen werden.

Dieses Buch unterstützt Sie beim Umgang mit kniffligen Situationen, damit Sie bei Konflikten im Team oder mit Vorgesetzten nicht mehr unter die Räder kommen. Es hilft Ihnen, Ihre Ideen durchzusetzen oder Ihren Arbeitsbereich voranzubringen, ohne überall anzuecken, weil Sie mit der Peperoni-Strategie Ihre Ziele klug vorantreiben, ohne sich Feinde fürs Leben zu machen. Es vermittelt Ihnen das Mindset, sich gegen Leute zu behaupten, die Sie übervorteilen wollen, die Ihre Grenzen nicht respektieren oder Sie schlechtmachen, und es zeigt Ihnen, wie Sie weiterhin einen respektvollen und höflichen Umgang pflegen können, ohne dass man Ihnen diesen als Schwäche auslegt. Dafür müssen Sie nur ab und zu Ihrem Umfeld Ihre hässliche Seite zeigen, die nach Ärger riecht. Es geht also um den richtigen Schärfegrad im Umgang mit Konflikten im Business.

Die *Peperoni-Strategie to go* knüpft damit an meinen Bestseller *Die Peperoni-Strategie – So setzen Sie Ihre Aggressionen konstruktiv um* an, wobei Sie die Empfehlungen dieses Buches verstehen werden, ohne den Vorgänger gelesen zu haben. Der war – so viel Angeberei muss sein – 33 Wochen auf Platz 1 im Bestseller-Ranking der *Financial Times Deutschland* und wird von *getAbstract* als Karriereklassiker empfohlen. Dieser Erfolg überraschte mich damals, weil ich ursprünglich aus der Kriminologie komme und ein Experte bei der Behandlung von aggressiven und kriminellen Menschen bin – also Menschen mit destruktiver, nicht positiver Aggression. Für diese brutale Zielgruppe entwickelte ich das Anti-Aggressivitäts-Training® für Gewalttäter, mit dem jährlich über 1 000 Personen behandelt werden. Doch so wie man destruktive Aggressivität bei Schlägern reduzieren kann, egal ob sie als Hooligans, Skinheads oder Frauenschläger ihr Unwesen treiben, so lässt sich positive Aggression bei Menschen fördern, die zu nett für unsere knallharte Wettbewerbsgesellschaft sind.

Ich möchte diese positive Peperoni-Power in Ihnen wecken oder verstärken. Dabei geht es aber nicht um die Förderung von Ellenbogen-Karrierismus und unfairem Verhalten. Ebenso wenig sollen Sie zum Egomanen mutieren, der nur zum eigenen Vorteil arbeitet, ohne Rücksicht auf Teams und Unternehmen. Wer nur auf Ellenbogen setzt, erzielt kurzfristig Erfolge, wird aber mittelfristig vom Hof gejagt, weil Personalabteilung, Compliance-Officers und Gleichstellungsbeauftragte im Idealfall dafür sorgen, dass diese Egoisten gefeuert werden, weil sie dem Unternehmen mehr schaden als nutzen. Ellenbogen-Karrieristen braucht kein Mensch! Die Peperoni-Strategie verfolgt vielmehr das Ziel, dass Sie sich, Ihre Ideen und Projekte durchsetzen, um Gutes zu bewirken – für sich selbst, für Ihr Unternehmen und für die

Gesellschaft! Wer die Kunst der positiven Aggression beherrscht, gewinnt häufiger als andere. Ihre positive Peperoni-Power können Sie einsetzen, um Arbeitsplätze zu schaffen, um Produkte zur Nachhaltigkeit zu entwickeln oder als Chefin von Amnesty International die Todesstrafe zu bekämpfen. Ihr Handeln kann unser Land besser und Sie erfolgreicher machen. Dass Sie dabei auf eine Vielzahl von Widerständen stoßen, die es zu überwinden gilt, ist Teil des Spiels. Gehen Sie dabei zu dynamisch vor, verbrennen Sie sich die Finger. Sind Sie zu zurückhaltend und nett, werden Sie nicht ernst genommen. Es kommt also auf die richtige Reaktion bei Konflikten an, die das Potenzial haben, Ihr Berufsleben zu torpedieren.

Die Peperoni-Strategie bietet mit ihrer Scoville-Skala eine breite Palette an Schärfegraden an. Um Ihnen die Bandbreite an Reaktionsmöglichkeiten aufzuzeigen, schildere ich Situationen, die mir in den letzten Jahren in der Beratung, in Managementseminaren, in meinem Berufsleben und bei meinen Interviews mit weit über 1 000 Führungskräften aus Deutschland, der Schweiz und Österreich begegnet sind. Zu meinen Gesprächspartnerinnen und -partnern zählen Vorstandsmitglieder, Verbandsgeschäftsführer, Klinikdirektorinnen, IT-Unternehmer, Juristinnen aus Ministerien, Manager aus fast allen Branchen, Nachwuchsführungskräfte, denen die Alten im Unternehmen mit ihrer Selbstgefälligkeit auf den Sack gehen und die das nicht länger ertragen wollen, sowie liberale Nachwuchspolitikerinnen, die von konservativen alten Hasen ausgebremst werden.

»Warum soll ich Sie überhaupt beraten? Ich bin doch selbst ein konservativer alter Hase«, wollte ich von einer jungen Politikerin wissen.

»Ist doch klar«, antwortete sie trocken, »weil Sie die alten Säcke kennen und wissen, wie man mit denen umgehen muss. Sie sind ja selber einer.« Kann man so viel weiblichem Charme widerstehen?

So manch jüngere Führungskraft ist überrascht, dass nicht alle die warmherzigen und empathischen Spielregeln der New Work befolgen, sondern sie austricksen, gegen Wände laufen oder gegen die gläserne Decke stoßen lassen. Viele meiner Gesprächspartnerinnen und -partner haben einen Tick zu lange gewartet, bis sie anfingen, Konflikte und die sich daraus ergebenden beruflichen Sorgen ausreichend ernst zu nehmen und gründlich zu durchdenken. Sie hatten die trügerische Hoffnung, dass sich das Elend von alleine wieder in Wohlgefallen auflösen würde. Diese Konfliktscheu und dieses Harmoniebedürfnis sind menschlich, aber im Business oft suboptimal bis kontraproduktiv. Manchmal killen sie sogar Karrieren!

Durchsetzungsstarke Führungskräfte wissen: Wenn sie nicht so früh wie möglich agieren, werden sie womöglich in eine Abwärtsspirale gesogen, aus der sie nur schwer wieder herausfinden. Sie nehmen daher kleine Fehlentwicklungen und Missstimmungen übertrieben ernst, um präventiv-strategisch handeln zu können. Sie hören die Flöhe husten, selbst wenn objektiv wenig passiert ist. Das ist ein empfehlenswertes seismografisches Verhalten, zu dem ich Sie hiermit ermutigen möchte! Sie warten nicht, bis sich ihr ungutes Gefühl zu einem Tsunami aufgetürmt hat, sondern ersticken das Problem im Keim und das so erfolgreich, dass tatsächlich nichts passiert und die Kollegen irritiert anmerken: »Keine Ahnung, warum du diesen Aufwand betrieben hast. Ist doch gar nichts passiert …« Die Antwort lautet: »Ja, es ist nichts passiert, *weil* ich den Aufwand betrieben habe!«

Ich erkläre Ihnen, wie Sie in sensiblen Bereichen – manche sprechen von Minenfeldern – klug agieren können. Dazu beschreibe ich brenzlige Situationen, analysiere sie und empfehle Lösungen, die in der Praxis funktioniert haben. Das garantiert nicht automatisch Ihren Erfolg, sollten Sie die vorgestellten Lösungswege gehen, aber es zeigt Ihnen eine Variante, die gelungen ist und damit auch für Ihre Gedankenspiele relevant sein könnte. Das ganze Buch steht ja unter dem Leitsatz »Lernen aus den Erfolgen anderer«. Die Fallbeispiele drehen sich also um berufliche Herausforderungen, die sich zum lupenreinen Konflikt hochgeschaukelt haben, etwa in Wettbewerbssituationen, weil umstrukturiert wurde, weil sich die Budgetverteilung verändert hatte, die Firmenpolitik neu justiert wurde oder durch einen Leitungswechsel die bisherigen Spielregeln über den Haufen geworfen wurden. Es geht um die Frage, wie Sie auf offene oder versteckte Machtkämpfe reagieren sollten, die niemand braucht, die aber trotz aller schönen Arbeitsweltkonzepte geschehen, wenn es um höhere Einkommen, Budgets oder Personalumverteilungen geht. Sie werden dann mit beruflicher Hinterhältigkeit konfrontiert, die in keinem betriebswirtschaftlichen Studium gelehrt wird, vor allem wenn Ihre Gegenspielerinnen und Gegenspieler auf Krawall gebürstet sind.

Dabei erspare ich Ihnen eine detaillierte Darstellung der Protagonistinnen und Protagonisten und ihrer Branchen. Stattdessen nehme ich Sie mit in die entscheidenden Gesprächsmomente, in denen ein pragmatischer Lösungsweg gefunden wurde; diese Momente werden komprimiert und meist in Dialogform beschrieben. Die Menschen, mit denen ich zu tun habe, schätzen die drei Ks: Kürze, Klarheit und Klartext. Meine Empfehlungen lesen sich daher manchmal *politically incorrect* und sind mit einer Prise schwarzem Humor garniert. Meine frühere Chefin mochte meine würzige Art und praktizierte sie auch selbst, unter anderem um meinen Wünschen zu widerstehen.

»Wir kennen uns seit zwei Jahren«, leitete ich einmal ein Anliegen bei ihr ein, »und Sie wissen, dass ich Ihr diplomatisches Geschick schätze. Aber wenn wir jetzt unser neues Projekt im Präsidium gegen die Widerstände durchboxen wollen, dann wäre es gut, wenn Sie sich bissiger positionieren, damit die Kritiker sofort spüren: Diese Chefin weiß, was sie will! Ist das okay für Sie?«

»Nein, ist es nicht«, antwortete sie. »Warum sollte ich bissiger auftreten? Dafür habe ich doch Sie!«

Noch Fragen? Dabei hatte ich ihr doch erklärt, dass sie ihr Peperoni-Wissen nie gegen den Strategieerfinder höchstselbst einsetzen dürfe. Ich erinnerte sie daran.

»Sorry«, sagte sie daraufhin mit einem süffisanten Lächeln, »das hatte ich wohl vergessen.«

Wer's glaubt, wird selig … Ich mag sie trotzdem, denn in Wahrheit schätze ich Menschen, die meine Empfehlungen beherzigen, um mich dann mit meinen eigenen Waffen zu schlagen.

Meine milden bis peperonischarfen Vorschläge zur Konfliktlösung werden Ihnen hoffentlich Verhaltenssicherheit geben, sollten Sie in vergleichbare Situationen geraten wie meine Gesprächspartnerinnen und -partner. Sie können also von den Erfahrungen anderer lernen und dadurch eigene Fehleinschätzungen minimieren. Nach der Lektüre werden Sie cleverer und instinktsicherer durch Ihr Berufsleben gehen, weil Sie herausfordernde Situationen früher antizipieren und effektive Gegenstrategien entwickeln können.

ALS KLEINE ORIENTIERUNG FÜR SIE, um welchen Schärfegrad der Tipps es sich handelt, finden Sie neben jeder Fallüberschrift ein, zwei oder drei Peperonis.

- 🌶 Eine Peperoni symbolisiert einen milden Schärfegrad.
- 🌶🌶 Zwei Peperonis symbolisieren, dass es zur Sache geht.
- 🌶🌶🌶 Drei Peperonis symbolisieren extra hot und risikobehaftet!

KAPITEL 1

Die Basics der Peperoni-Strategie

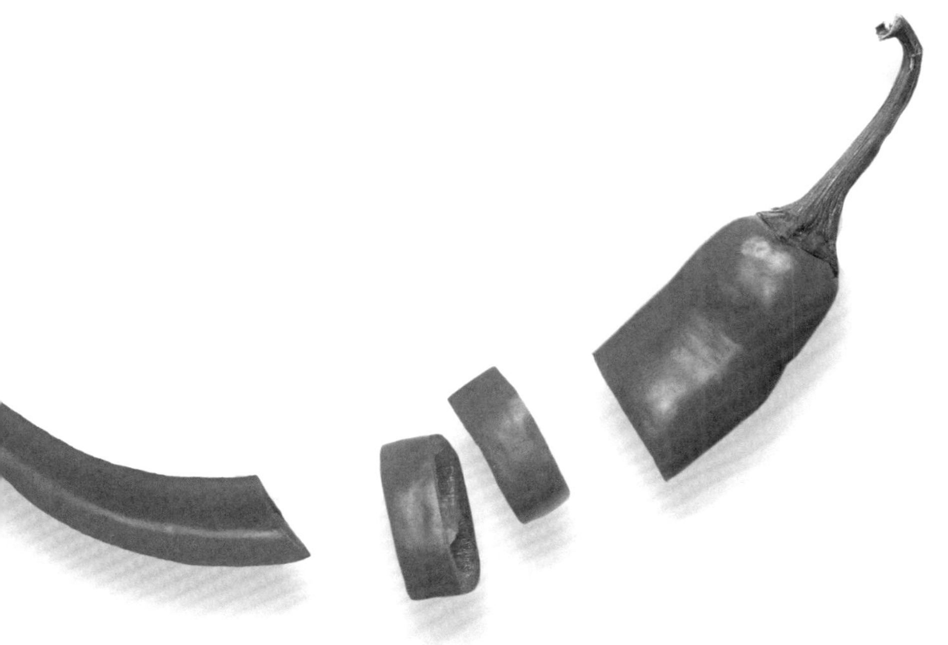

AGGRESSIONEN HABEN MICH SCHON IMMER INTERESSIERT. Beim Fußballspielen durch mein Gerede Fouls zu provozieren, bis meine Gegenspieler mit der roten Karte vom Platz flogen, meine eigenen Mobbing-Erfahrungen in der Schule, der Sadismus, mich Regenwürmer essen zu lassen, und meine Rachegelüste – das alles motivierte mich letztlich zum Studium der Erziehungs- und Sozialarbeitswissenschaften, um menschliche Aggressionen besser zu verstehen. Dabei halfen mir zwei Kriminologen mit ihrer Expertise, die an der Lüneburger Leuphana Universität lehrten; einer kam aus dem Justizministerium in Baden-Württemberg, der andere sollte später niedersächsischer Justizminister werden. Meinen Lieblingstheoretiker, Albert Bandura von der Standford University, lernte ich über sie kennen und damit auch seine Erkenntnis, dass jede Form aggressiven Verhaltens gelernt und wieder verlernt werden kann und dass es neben destruktiver Aggressivität, mit der Menschen gequält und verletzt werden, auch positive Aggressivität gibt. Letztere setzen wir ein, um gute Ziele zu erreichen: eine Firma aufbauen, Arbeitsplätze schaffen oder in der Politik Fortschrittliches gegen Widerstände durchsetzen.

Die Geburtsstunde der Peperoni-Strategie

Beide Seiten der Aggressionsmedaille interessierten mich, ohne dass ich ahnte, dass sie mein gesamtes Berufsleben prägen würden, denn Wirtschaft, Managementstrategien und Führungsverhalten interessierten mich zum damaligen Zeitpunkt überhaupt nicht. Der Umgang mit aggressiven Formen der Kriminalität hingegen sehr, von Sachbeschädigung, Mobbing und Stalking über schwere Körperverletzung und Raub bis hin zu Tötungsdelikten. Das gefiel meinen Professoren und so vermittelten sie mir einen sechsmonatigen Studienaufenthalt in einem privaten Jugendgefängnis für Gangschläger an der US-Ostküste bei Philadelphia, das auf Gewaltdelikte spezialisiert war. Der Direktor dieser Training School hatte vor Jahren eine Deutsche geheiratet, mochte unser Land und sagte: »Komm rüber zu uns, hier kannst du forschen. Wir haben ein Zimmer für dich, ein kleines Gehalt und einen Wagen.« Er hielt Wort. Das Gehalt war überschaubar, der gebrauchte Ford okay, nur das Zimmer hatte es in sich: Es lag in seinem Gefängnis. »Hier hast du eine 24/7-Experience und kannst deine teilnehmende Beobachtung permanent anwenden«, meinte er. Ja, die teilnehmende Beobachtung ist eine qualitative Forschungsmethode, bei der man am Ort des Geschehens präzise beobachtet, jedoch nicht um einzugreifen, sondern um die informellen Spielregeln einer Institution zu erfassen. Aber 24 Stunden am Tag? Und dafür im Gefängnis leben? Das hatte ich mir anders vorgestellt. Mir hätten normale Arbeitszeiten ausgereicht. Das sah mein Gastgeber anders. Ihm war es ernst und er erwartete, dass ich zu 100 Prozent mitzog. Das tat ich und war selbst von mir überrascht.

Nach dem Studium arbeitete ich in einem norddeutschen Gefängnis und stieg allmählich auf, weil ich kriminologische Expertise besaß, die ich mir unter anderem in jenem US-Gefängnis angeeignet hatte. Ich musste in Deutschland nur lernen, die Strukturen der Institution Gefängnis zu durchschauen und mich in der Hierarchie geschmeidig zu bewegen. Ich musste nicht um jeden Preis Mitarbeiterinnen und Mitarbeiter von meinen neuesten Projekten überzeugen. Eine einfache Erklärung reichte völlig aus und wenn mein Gegenüber nicht begeistert war, konnte ich alles per Dienstanweisung anordnen. Meist kam es nicht dazu, weil man einen Konsens fand, aber es war schön bequem, als Führungskraft zu wissen, dass man sich so oder so mit seinen Ideen durchsetzen würde. In dieser Zeit schuf und erprobte ich mein Behandlungsprogramm für Gewalttäter. Es belegt, dass destruktive Aggressivität reduziert werden kann. Das ist gut für die Täter, die sich bessern wollen, und es ist noch besser für die Gesellschaft, da weitere Opfer so vermieden werden.

Der Direktor des Schweizer Gottlieb Duttweiler Instituts hörte von meiner Arbeit und bat mich, den Spieß umzudrehen, mit dem Ziel, die positive Aggression von Führungskräften zu fördern. Er kenne so viele hoch qualifizierte Frauen und Männer, die zu nett seien fürs Business und die einen Schubs in die richtige Richtung gut gebrauchen könnten. Sein Gedanke hatte etwas, auch wenn ich im ersten Moment glaubte, er wolle mich mit seiner Bitte auf den Arm nehmen. Ein Business-Class-Flugticket sowie ein imposanter Scheck motivierten mich aber, ihn in Zürich zu besuchen und die Möglichkeiten auszuloten, ein Managementtraining zur Förderung der positiven Aggression zu konzipieren. Dieser Tag im September 1995 war die Geburtsstunde der Peperoni-Strategie.

Der Transfer von der Kriminologie zum Management zwang mich, über meinen justiziellen Tellerrand zu schauen. Diese Perspektive eröffnete sich mir durch Interviews mit Führungskräften aller Couleur. Meine erste Frage lautete immer: »Welche beruflichen Schattenseiten brauchen Sie zum Erfolg, wenn es konflikthaft wird, weil Sie ein Projekt umsetzen wollen, aber man Ihnen Knüppel zwischen die Beine wirft?« Die zweite Frage betraf das Handeln meiner Interviewpartnerinnen und -partner: »Welche bissigen Taten haben Sie selbst im Business begangen und wann wurden Sie selbst zum Opfer, weil man Sie übervorteilt hat?«

Das seismografische Gespür für Ärger

Die Peperoni-Strategie lehrt, wie man seine natürliche Aggression konstruktiv zur Erreichung beruflicher Ziele einsetzt. Sie liefert ein kraftvolles Mindset für Wettbewerbssituationen und favorisiert ein Verhalten zwischen Charme und Vulkan, natürlich immer im Rahmen der gesetzlichen Vorgaben und der Compliance-Regeln des jeweiligen Unternehmens. Die Peperoni-Strategie sensibilisiert, drohenden Ärger zu antizipieren. Deswegen gilt die Regel: Führen Sie schwierige Gespräche bei offener Bürotür oder im Beisein von Zeugen.

Nur wegen eines Zeugen entging meine Statistikkollegin dem Vorwurf, eine Rassistin zu sein. Ihr wurde von einem Prüfling vorgeworfen, sie habe ihn wegen seines südländischen Aussehens beleidigt und das habe ihn so verunsichert, dass er sein Prüfungswissen nicht abrufen konnte. Seine offizielle Beschwerde beim Prüfungsausschuss über die schlechte Note folgte umgehend. Die einzige Beleidigung lag allerdings in seiner Prüfungsleistung, denn die war mangelhaft. Ihr Zeuge, der Prüfungsbeisitzer, konnte keine Stigmatisierung bestätigen, sodass der Konflikt schnell vom Tisch war. Hätte Aussage gegen Aussage gestanden, wäre es komplizierter für die Professorin geworden, denn der Rassismusvorwurf gegen eine »alte weiße Statistikerin« hätte zumindest das Zeug für kontroverse Debatten gehabt. Aus reinem Selbstschutz berate ich deswegen meine Studierenden grundsätzlich bei offener Bürotür, denn wenn sie behaupten würden, ich wäre hinter verschlossener Tür übergriffig geworden, käme ich in Rechtfertigungszwänge, auf die ich gerne verzichten kann. Der Vorwurf der Diskriminierung, weil das Gegenüber einen Blick, eine Geste oder ein Wort so *empfunden* hat, kann heutzutage jede und jeden treffen und zu einem karrierehemmenden Konflikt mit Human Resources und Compliance führen. Das gilt nicht nur im Hochschulbereich, sondern überall im Business, wie es im Kapitel zur Mikroaggression ausführlicher beschrieben wird.

Die Peperoni-Strategie sensibilisiert Ihr seismografisches Gespür für drohenden Ärger, denn je frühzeitiger Sie möglichen Ärger antizipieren, umso seltener werden Sie zum Opfer von Konflikten und Missverständnissen. Das setzt jedoch voraus, dass Sie permanent bereit sind zu prüfen, inwiefern eine harmlos wirkende Situation schiefgehen könnte. Diese skeptische Grundhaltung ist ein weiterer Baustein auf dem Weg zur Peperoni-Strategin oder zum Peperoni-Strategen. Skepsis unterstreicht die Gewissheit, dass es nicht alle immer gut mit uns meinen. Bei der Schärfung Ihres seismografischen Gespürs hilft Ihnen Ihre Intuition, auf die Sie hören sollten. Wenn Sie morgens in Ihre Firma kommen und ein ungutes Gefühl haben, dann folgen Sie diesem Gefühl, denn häufig werden wir archaisch vorgewarnt, dass Ärger auf uns zukommt. Viele schieben diese intuitive Vorwarnung beiseite, weil sie nicht faktenbasiert ist, und machen *business as usual.* Sie führen Telefonate, persönliche Gespräche, leiten Meetings – und wundern sich ein paar Tage später über den Tsunami, den sie übersehen haben. Das ist keine kluge Strategie!

Sollten Sie zukünftig ein Unwohlsein spüren, das Sie nicht richtig zuordnen können, greifen Sie zum Handy, rufen Sie die drei wichtigsten Personen Ihres Umfelds an und stellen Sie ihnen nur eine Frage: »Habe ich ein Problem?« Ich mache das alle acht Wochen präventiv. Die Frage kostet mich 10 Sekunden, denn meine Gesprächspartner kennen das von mir und antworten meist: »Nein, du hast kein Problem.« Manchmal lautet die Antwort aber auch: »Ich wundere mich, dass du dich erst heute meldest. Ja, da braut sich etwas zusammen!« Dann tauschen wir uns über meine Optionen aus, um das Problem auszuräumen, denn man muss es angehen, solange es noch im Wachstum ist. Je früher, desto besser. Auch das ist eine wichtige Regel, um anwachsenden Ärger zu minimieren. Sie können das mit Vorsorgeuntersuchungen in der Medizin vergleichen: Lassen Sie sich einmal im Jahr durchchecken, kann man Sie retten, falls etwas Dramatisches entdeckt wird. Lassen Sie der Natur unkontrolliert ihren Lauf, kann es in der Katastrophe enden.

Wohldosierte Aggression ist schön

Stellt sich die Frage: Wie weit sind Sie bereit zu gehen, um mögliche Katastrophen zu verhindern oder schwierige Wettbewerbssituationen für sich zu entscheiden? Bei dieser Frage reflektieren Peperoni-Strateginnen und -Strategen ethische Aspekte, denn sie lehnen tumben Ellenbogen-Karrierismus ab, bei dem einem völlig egal ist, wie viel verbrannte Erde man hinterlässt. Die Peperoni-Strategie strebt nachhaltige Beziehungen, auch mit Mitbewerberinnen und Mitbewerbern, an und geht davon aus, dass man sich mehrmals im Leben begegnet. Wo übertreiben Sie es und wann gehen Sie nicht weit genug und laufen deswegen Gefahr, übervorteilt zu werden? Das ist ein schmaler Grat, den Sie nie alleine bewältigen sollten, weil er viele Unwägbarkeiten in sich birgt. Stimmen Sie sich dazu mit Vertrauten ab und fragen: »Kann ich noch eine Schippe drauflegen oder ziehe ich mich besser zurück und akzeptiere den mittelmäßigen Kompromiss?«

Bei den Fallbeispielen können Sie diesen Prozess des Austarierens begleiten und die Erfahrungsberichte für Ihr Handeln übernehmen, wenn es für Sie stimmig ist, zumal nur Beispiele beschrieben werden, die erfolgreich abgeschlossen werden konnten. Grundlage für diesen Erfolg ist das Beachten der Peperoni-Strategie-Regeln (mehr dazu gleich), die zum Ziel haben, Ihre Durchsetzungsstärke zu steigern, Ihren Alltag würziger, bissiger und »schärfer« zu gestalten, wenn es *für Sie* angebracht erscheint.

Ignorieren können Sie diese Regeln nur, wenn Sie in einem Umfeld arbeiten, in dem man

- Ihren Anregungen immer zustimmt,
- Sie permanent wertschätzt,
- Sie unbedingt im Unternehmen halten will
- und deswegen auch sehr gut bezahlt.

So ein Umfeld klingt nach Paradies, genießen Sie es! Aber stecken Sie nicht den Kopf in den Sand, wenn Ihr Berufsalltag weniger paradiesisch ist, denn die meisten von uns bekommen nichts geschenkt.

Die »Weniger nett«-Haltung

Durchsetzungsstarke Frauen und Männer genießen hingegen berufliche Vorteile. Sie werden seltener übervorteilt, weil ihr Gegenüber weiß, dass ihr Echo kraftvoll ausfallen wird, wenn man sie herausfordert oder schlecht behandelt. Das schreckt potenzielle Gegenspielerinnen und Gegenspieler ab, denn sie feiern lieber Erfolge, die sie mit möglichst wenig Stress erreichen können. Deswegen machen Peperoni-Strateginnen und -Strategen deutlich, dass man bei ihnen keine Discounter-Preise zahlt, sondern im Luxussegment Wiedergutmachung leisten muss!

Es ist paradox: Werden Sie weniger nett wahrgenommen, behandeln Ihre Konfliktpartner Sie höflicher und zollen Ihnen mehr Respekt – gerade weil Sie nach Ärger riechen. Dieses Phänomen nennt sich »Aggressions-Paradoxon«. Sie kennen es vielleicht aus der Schulzeit, in der man sich bei Lehrkräften, vor denen man Respekt und auch ein bisschen Angst hatte, weniger herausgenommen hat als bei den lockeren Paukern, bei denen man es krachen ließ, weil man deren Freundlichkeit als Schwäche ausnutzte. Je höher die Wahrscheinlichkeit ist, von Ihnen ein kraftvolles Echo zu erhalten, desto durchsetzungsstärker werden Sie demnach wahrgenommen und desto höher ist die Bereitschaft, Ihnen bei Ihren Ideen oder Verhandlungen entgegenzukommen. Wenn Sie durchsetzungsstark positioniert sind, taugen Sie nicht als Opfer und strahlen das auch aus. Diese »Weniger nett«-Haltung fällt vielen schwer, weil sie dem widerspricht, was in unserer Sozialisation und durch unsere Kultur vermittelt wird, nämlich sich freundlich zu verhalten. »Sei ein liebes Mädchen« oder »Sei ein braver Junge« wurde vielen in der Erziehung mit auf den Lebensweg gegeben. »Sag Danke«, »Sag Bitte«, »Drängle dich nicht vor«, »Sei nicht vorlaut« – all das sind Erziehungsmaximen, die unsere Zurückhaltung im Privaten wie im Business füttern und uns dadurch mehr zum Opfer formen.

»Wen würden Sie in Ihrem Unternehmen fördern? Den sehr netten und kultivierten Kollegen, oder den, der auch mal aggro sein kann, wenn es darum geht, die Kohlen aus dem Feuer zu holen?« Die Antwort, die mir Personalverantwortliche auf diese Frage gaben, war immer gleich: »Wenn ich jemanden zu meinem Stellvertreter befördere, dann möchte ich, dass diese Person mich bei unangenehmen Sachen entlastet. Das Schöne kann ich auch selbst machen!«

Bei der Teamleiterin eines Mobilitätskonzerns war diese Erkenntnis noch nicht angekommen. Sie hatte aufgrund ihrer Expertise gute Aufstiegschancen, wenn da nicht ihr mangelnder Biss im Umgang mit kontroversen Themen gewesen wäre. »Eine durchsetzungsstärkere Haltung zu entwickeln, fällt mir schwer, weil ich fachlich orientiert bin und für dieses Softskill-Wissen als Ingenieurin wenig übrig habe. Ich will Probleme lösen und mich nicht mit Machtspielen aufhalten. Ich arbeite engagiert, kümmere mich um Inhalte und ignoriere die informellen Strukturen, weil sie in meinen Augen Zeitverschwendung sind«, sagte sie. Ihre inhaltliche Orientierung war sympathisch, machte sie aber auch zum potenziellen Opfer von Mitbewerberinnen und Mitbewerbern im Konzern, die die Klaviatur von Hierarchie und Vernetzung besser beherrschten. Sie definierten Fachlichkeit und Firmenpolitik nicht als Widerspruch, sondern als ein Paar, das gemeinsam viel Power entwickeln kann.

Ohne Fachlichkeit landet niemand im Pool potenzieller Aufsteigerinnen, aber ohne Vernetzungswissen wird der Aufstieg unendlich schwieriger, weil man sich nicht aktiv um potenzielle Förderinnen und Förderer kümmert, sondern in seiner Kompetenz erkannt und gesehen werden möchte – ohne weiteres eigenes Zutun. Diese Hoffnung fördert Passivität und entpuppt sich als unrealistisch. Fachwissen, Freundlichkeit, Teamgeist und Empathie sind zentral für Ihren beruflichen Erfolg, denn Sie können 80 Prozent Ihrer Wettbewerbssituationen und Jobkonflikte in ganz normalen Gesprächen lösen. Das misslingt nur bei denen, die ihren Egoismus ausleben. Die wollen keinen Ausgleich. Die suchen nach ihren Vorteilen. Denen ist es egal, ob Ihr Projekt nicht zustande kommt, solange sie von Ihrem Scheitern profitieren. Im Umgang mit diesen Menschen gilt die Regel: »Verlieren ist erlaubt, nicht kämpfen ist verboten!« Damit Sie für diese Auseinandersetzungen gerüstet sind, ergänzen Sie Ihre freundlichen 80 Prozent mit 20 Prozent Biss, Durchsetzungsstärke und strategischem Gespür. Diese 20 Prozent erhöhen Ihre Gewinnchancen und vermeiden, dass Sie in Freundlichkeit den Kürzeren ziehen. Dieses Mindset ist ein zentraler Schlüssel für Ihren Erfolg!

Wichtigtuerei und tumbe Machtdemonstrationen lehnen Peperoni-Strateginnen und -Strategen allerdings ab, weil sie sich einer ethischen Trias verpflichtet fühlen, von der ich hoffe, dass Sie sie sich ebenfalls zu eigen machen werden. Sie folgt dem Leitsatz: »Setzen Sie sich durch, um Gutes zu tun« – und zwar auf drei Ebenen.

AUF DER ERSTEN EBENE engagieren Sie sich egoistisch für sich selbst, für Ihr ganz persönliches Wachstum und Ihren Erfolg, der Ihnen Anerkennung und mehr Einkommen einbringt. Diese Ebene garantiert individuelle berufliche Zufriedenheit, unterstützt Ihre Eigenmotivation und vermittelt Ihnen das schöne Gefühl der persönlichen Befriedigung. Diese erfuhr ich beispielsweise, als mir trotz etlicher Widerstände die Gründung meines gewaltpräventiven Deutschen Zertifizierungsinstituts für Konfrontative Pädagogik und die Sicherung meiner eigenen Fortbildungsmarken beim Marken- und Patentamt gelang.

AUF DER ZWEITEN EBENE engagieren Sie sich für Ihre Firma, die sich durch Ihre guten Ideen und Ihre Leidenschaft weiterentwickelt, vielleicht sogar expandiert und neue Mitarbeiterinnen und Mitarbeiter einstellen kann. Man wird Ihr Engagement wertschätzen und Sie – wenn alles gut läuft – gratifizieren, um Sie an dem Erfolg, den Sie mit ausgelöst haben, teilhaben zu lassen.

AUF DER DRITTEN EBENE unterstützen Sie, quasi als Nebenprodukt, die Gesellschaft durch die vermehrten Gewinne Ihrer Firma – die sie auch Ihrem Einsatz zu verdanken hat. Ihre Leistung führt dazu, dass vom Staat mehr Steuern generiert werden können, mit denen dann hoffentlich denen geholfen wird, die nicht so clever sind wie Sie und ich.

Diese Trias aus Egoismus, Firmen-Support und staatlicher Förderung kulminiert in einer »Win-win-win-Situation« für Sie, das Unternehmen und die Gesellschaft. Da kann man nur sagen: *Good job!* Das alles geschieht nur, weil Sie sich mit Ihren Ideen und Projekten durchsetzen konnten.

Das peperonischarfe Dutzend: die Leitgedanken!

Wenn Sie sich in Wettbewerbssituationen behaupten müssen, dann sind die folgenden zwölf Peperoni-Regeln heute Gold wert. Sie folgen nicht immer der Political Correctness, sondern – mit einem Augenzwinkern – dem mephistophelischen Prinzip, das Sie in Wettbewerbs- und Konkurrenzsituationen begleiten sollte: *One evil action every day keeps the psychiatrist away!* Prüfen Sie beim Lesen, was zu Ihnen passt, und übernehmen Sie für Ihr Handeln auch nur das, was zu Ihnen passt. Aus Sicht der Peperoni-Strategie kann ich aber nur sagen: Je mehr passt, desto besser!

1. **ZEIGEN SIE EIGENANTRIEB,** auch bei unangenehmen Aufgaben, weil Sie dadurch üben, Ihre Komfortzone zu verlassen und die entscheidenden Prozente Mehrwert für Ihr Unternehmen zu liefern. Die intrinsische Motivation, die dem Eigenantrieb zugrunde liegt, legt die Kraft frei, die Sie brauchen, um komplizierte Dinge gegen äußere Widerstände und innere Selbstzweifel zu lösen. Vergessen Sie nicht: Verlieren ist erlaubt, nicht kämpfen, das ist verboten!

2. **VERSCHAFFEN SIE SICH ANGEMESSEN GEHÖR,** wenn man gegen Ihre Interessen agiert und es so geschickt einfädelt, dass Sie eingeschüchtert lieber schweigen würden. Warten Sie nicht, bis Sie im Meeting oder Zweiergespräch nach Ihrer Meinung gefragt werden, sondern melden Sie sich unaufgefordert, aber unaufdringlich zu Wort. Es besteht sonst die Gefahr, dass Ihre Überlegungen ignoriert werden – besonders wenn es kluge Überlegungen sind. Denn wenn Sie wirklich etwas zu sagen haben, besteht das Risiko, dass Ihre schlauen Kommentare die anderen alt aussehen lassen. Nur ganz souveräne Zeitgenossen ertragen dann Ihre Brillanz, die meisten sind aber motiviert, Sie alt aussehen zu lassen, um Sie auf den Boden der Mittelmäßigkeit zu zerren. Wollen Sie sich durchsetzen, müssen Sie den Mut haben, sich ungefragt zu positionieren, um Killerphrasen der Kolleginnen und Vorgesetzten Paroli zu bieten.

3. **TREFFEN SIE NOTWENDIGE ENTSCHEIDUNGEN,** auch wenn das zum zeitweisen Sympathieverlust in Ihrem kollegialen Umfeld führt. Faule Kompromisse des lieben Friedens willen zu schließen, disqualifiziert Sie als durchsetzungsstarke Führungskraft.

4. **BLEIBEN SIE UNTER DRUCK COOL** und lassen Sie sich weder durch aufgeregte Forderungen noch durch Zeitdruck jagen. So schnell, wie es Ihnen Ihre Gegenspielerinnen und Gegenspieler suggerieren, geht die Welt nicht unter. Zeitdruck wird nur inszeniert, um

Sie zu stressen, in Panik zu versetzen und Fehlentscheidungen zu provozieren.

5. **SETZEN SIE SICH GEGEN UNHÖFLICHKEITEN UND STATUSSCHWÄCHENDE AUSSAGEN ZUR WEHR** und setzen Sie in höflichem Ton und mit klaren Worten Grenzen, wenn man Ihnen respektlos begegnet.

6. **SETZEN SIE SICH MIT POWER DURCH, UM GUTES ZU TUN!** Wer sich mit Freude durchboxen will, braucht den Glauben an die eigenen guten Ziele, denn die sind sinnstiftend für Sie persönlich sowie für Ihr Unternehmen. Ihre Ziele können Wohlstand, Gesundheit, Glück für die Familie, die ökologische Transformation, eine gute Arbeitsatmosphäre, höhere Margen, teure E-Autos oder ein schickes Haus am See sein. Wie lauten Ihre persönlichen Ziele? Was möchten Sie erreichen? Sie brauchen diese Antworten, um in herausfordernden Wettbewerbssituationen nicht hinzuschmeißen, sondern die Nerven zu behalten. Sollten Sie keine klaren Ziele haben, für die es sich zu engagieren lohnt, fehlen Ihnen die letzten Prozente an Power, wenn es in den Endspurt geht!

7. **PRÜFEN SIE IHRE GEWINNCHANCE,** bevor Sie in einen Disput gehen. Liegt diese bei 51 Prozent plus X, lohnt es sich einzusteigen. Sollten Ihre Erfolgsaussichten unter 50 Prozent liegen, lassen Sie die Finger davon. Folgen Sie dann Anna Freuds *Identifikation mit dem Aggressor* und machen Sie sich Ihre Mitbewerber zu Verbündeten. Das klingt anbiedernd, birgt aber eine Menge Wahrheit in sich, denn wer als Gegner zu stark ist, kann zum kraftvollen Partner werden.

8. **MEIDEN SIE NÖRGLER UND BEDENKENTRÄGERINNEN.** Wer sich mit nörgelnden Zeitgenossen umgibt, wird früher oder später mit deren negativen Eigenschaften assoziiert. Die Larmoyanten einzube-

ziehen und ihnen Zuspruch zu geben, hilft denen nicht aus ihrer demotivierenden Rolle heraus. Es schadet aber Ihrem Image, weil nicht Ihre Hilfsbereitschaft, sondern Ihre Solidarität mit den ewigen Projektbremsern wahrgenommen wird. Das ist das Gegenteil einer Win-win-Strategie und nicht empfehlenswert! Dennoch können selbst Nörgler und nervige Bedenkenträgerinnen hilfreich sein. So bitten Sie etwa den nörgelnden Mitarbeiter, der Ihr Projekt mit seiner Dauerskepsis blockiert, sich stärker um die nörgelnde Loser-Truppe zu kümmern, zum Beispiel beim täglichen Kantinenessen. Dankenswerterweise übernimmt er den Motivationsjob. Den übrigen Kollegen signalisieren Sie allerdings das Gegenteil: Sie seien von dem Mitarbeiter enttäuscht, weil der sich nun jeden Mittag den Bremsern anschließen würde! Seine Bedeutung und seine skeptischen Kommentare werden damit bedeutungsloser. Gut für Sie! Wenn Sie jedoch selbst um derart »fürsorgliche Sozialarbeit« gebeten werden, seien Sie vorsichtig!

9. **BAUEN SIE IHRE EINSTECKERQUALITÄTEN AUS,** denn Durchsetzungsstärke nutzt Ihnen nichts, wenn Sie gleich einknicken, wenn Ihnen eine steife Brise ins Gesicht weht. Gegenwind wird zu Ihrem Alltag gehören, da Sie als durchsetzungsstarke Person Widerstände provozieren und gegen Widerstände angehen müssen, die Ihre Projekte gefährden. Beliebt machen Sie sich damit nicht immer. Das kann schmerzhaft sein, weil die Gegenwehr bevorzugt auf Ihre Schwachstellen zielt. »Dass du das hier kritisierst, ist nur deinem Narzissmus geschuldet, weil du immer im Mittelpunkt stehen musst und es nicht erträgst, wenn auch andere gute Ideen haben.« Autsch, diese Rückmeldung eines verärgerten Kollegen im Meeting traf meinen Schwachpunkt, dass ich zu sehr von mir überzeugt bin. Das hatte der Kollege fein herausgearbeitet. Darüber durfte ich nun selbstkritisch nachdenken und sollte es auch optimieren. Jedoch durfte ich mich nicht in meinem Handeln irritieren lassen, denn dieser Angriff war Teil des Machtpokers um Forschungsgelder oder andere Pfründe. Gut daran ist, dass Sie auf diese Weise sehr schnell erfahren, auf wen Sie zukünftig nicht setzen sollten, denn wer Sie

einmal angreift, indem er Ihre Schwachstelle im Meeting ans Licht der Öffentlichkeit zerrt, wird sich auch zukünftig nicht loyal verhalten. Konfrontation schafft Klarheit – auch wenn sie gegen Sie gerichtet ist! Hervorragend ist es, wenn Sie in der Lage sind, heftigen Angriffen Paroli zu bieten, indem Sie Ihrem Angreifer lächelnd erwidern: »Das war schon ein ganz krasser Angriff gegen mich, aber jetzt machen Sie es noch einmal kraftvoll, so wie ein richtiger Kerl!« Diese Erwiderung provoziert im schlechtesten Fall und erschüttert Ihr Gegenüber im besten Fall, weil es erfasst, dass sein Angriff bei Ihnen keine Schockwirkung erzielen konnte.

10. **PERFEKTIONIEREN SIE IHRE ABWEHRRHETORIK,** denn verbale Angriffe kommen naturgemäß unerwartet. Angreiferinnen und Angreifer hoffen auf den Überrumpelungseffekt, um Sie kalt zu erwischen. Daher sollten Sie sich vorbeugend rhetorische Spitzfindigkeiten zurechtlegen, mit denen Sie sich in solchen Situationen Luft und Zeit verschaffen können. Die kurze Pause brauchen Sie dringend, um Gegenstrategien und -argumentationen zu entwerfen. Mein persönlicher Favorit aus dem Sortiment der Abwehrrhetorik lautet: »Das ist wirklich interessant, was Sie da sagen. Darüber denke ich nach …« Probieren Sie es aus. Die meisten Kritiker zeigen sich überrascht und sind angetan von Ihrer schnellen Einsicht. Deswegen setzen sie auch nicht rhetorisch nach. Sie freuen sich sogar, wenn Sie sich Notizen zu dem Gesagten machen. Diese Freude hielte sich allerdings in Grenzen, wenn sie wüssten, was dort wirklich steht: »Unser Mann für die Öffentlichkeit hat mich öffentlich kritisiert. Willkommen auf meiner schwarzen Liste!« Wobei empfehlenswert ist, dass Sie nur Ö (für Öffentlichkeit) und S (für schwarze Liste) eintragen. So können Neugierige keine Rückschlüsse auf Ihre künftigen Pläne ziehen. Es reicht auch, wenn Sie knapp notieren: »Der Typ ist ein dämlicher Idiot« – natürlich auch leicht verklausuliert. Auf Eintragungen ganz zu verzichten, das sollten Sie allerdings unterlassen. Sonst spielt Ihnen Ihr Kurzzeitgedächtnis einen Streich, Sie vergessen die Attacke und helfen dem Angreifer sogar zwei Monate später in einer kniff-

ligen Presseangelegenheit. Das wäre zwar nett von Ihnen, aber auch selten dämlich, denn Sie dürfen sicher sein: Diese Nettigkeit wird Ihnen nicht gedankt. Vielmehr wird Ihr Angreifer vermuten, dass Sie um Kritik geradezu betteln, und Sie deswegen weiterhin schlecht behandeln.

11. **REAGIEREN SIE SOFORT AUF NEGATIVE GERÜCHTE,** die über Sie kursieren, egal wie absurd diese erscheinen. Wenn Ihnen Anspielungen und Verleumdungen über Sie zu Ohren kommen, müssen Sie schnell reagieren, denn bevor Sie von den Gerüchten erfahren, hat bereits die ganze Abteilung davon gehört. Gerüchte verbreiten sich so schnell wie Schlagzeilen der *Bild-Zeitung*. Deswegen ist es wichtig, dass Sie sich sofort dagegen wehren, denn Gerüchte schwächen Ihre Position und es bleibt häufig Negatives an Ihnen hängen. Komplett ignoriert, können sie sogar zum Vorläufer des Mobbings werden. Da ist Vorsicht geboten! Dies gilt besonders für harmlose, weil unwahre Gerüchte, die Ihre Unzuverlässigkeit, Illoyalität oder fehlende Seriosität betreffen. Je schneller Sie den Gerüchten widersprechen oder sie mithilfe von Kolleginnen und Kollegen aus dem Weg räumen, desto besser für Sie.

12. **FÜHREN SIE REGELMÄSSIG GEGENSPIELERANALYSEN DURCH.** Fragen Sie sich, wer Sie im Team anlächelt, aber faktisch gegen Sie agiert, indem er Sie blockiert, zu vieles infrage stellt oder Sie in eine zerstrittene Arbeitsgruppe manövriert, die es schafft, auch die beste Idee zu Grabe zu tragen. Solche Zeitgenossinnen und -genossen sollten Sie auf Distanz halten, nie im Meeting loben oder aufwerten und ihnen keine Arbeit erleichtern oder abnehmen, denn wenn diese Herrschaften überbeschäftigt sind, fehlt ihnen die Zeit zur Intrige. So haben Sie eine Chance, dass Ihre Gegenspielerin oder Gegenspieler nicht weiterwächst und Sie womöglich später unterbuttern kann!

Diese zwölf Grundregeln sichern Ihnen einen seriösen Einstieg in die Welt der Durchsetzungsstärke. Dabei ist es von zentraler Bedeutung, dass Sie sich gegen die Richtigen behaupten und nicht Machtspiele mit Menschen ausagieren, die kollegial und einsichtig sind und mit denen Sie in einem ganz normalen Gespräch zu einer konstruktiven Lösung gelangen können. Diese Mitarbeiterinnen und Kollegen sollten in den Genuss Ihrer 80 Prozent wohlschmeckenden Paprikasüße kommen. Die scharfen 20 Prozent bleiben für Ihre Widersacher im Berufsleben reserviert.

Zu den 20 Prozent zählt das strategische Denken vom Ergebnis her. Sie fragen also als Erstes: »Was ist mein Ziel?« Die Antwort auf diese Frage beeinflusst Ihr Verhalten. Ist Ihr Ziel Teamharmonie? Dann werden Sie bei der Konfliktlösung niemanden vor den Kopf stoßen. Ist Ihr Ziel Leistungssteigerung? Dann werden Sie fordernde Gespräche mit Mitarbeitern führen. Ist Ihr Ziel Verschlankung? Dann werden Sie Einzelne feuern müssen, um Ihr Ziel der Kostenreduzierung zu erreichen. Eine klare Zieldefinition führt zu klaren Strategien und umgekehrt. Wenn Sie nur ein Wischiwaschi-Ziel haben, dann wird Wischiwaschi herauskommen. Eine weichgespülte Führungskraft packte ihr Wischiwaschi in schöne Worte: »Ich gehe ergebnisoffen in die Gespräche …« Schlimmer geht's nicht, denn mit einer verwässerten, unklaren Linie machen Sie sich zum Spielball ihrer Gesprächspartnerinnen und Gegenspieler und deren Interessen. Erfolg sieht anders aus!

Im Privatleben wenden Sie diese 20 Prozent bitte nicht an, denn die Peperoni-Strategie ist – mit den Worten der *Financial Times* – eine Einweisung in die Kunst der positiven Aggression, verbunden mit der Warnung: »Don't try this at home.« Zu Hause ist dieses Durchsetzungswissen kontraproduktiv. Privat stimmen Sie sich ab und geben nach, wenn dem Partner das Anliegen sehr wichtig ist.

Wer sich privat ständig durchsetzt, erringt nur Pyrrhus-Siege und erkauft seinen Erfolg auf Kosten der Harmonie in der Partnerschaft: »Mein Freund liebt Südfrankreich, aber ich hasse Frankreich und deswegen fahren wir immer nach Sylt.« Das kann man so machen, empfehlenswert ist es aber nicht, weil es auf Dauer zu Spannungen und versteckten Aggressionen führen kann, unter denen die Partnerschaft, die Kinder, Haustiere oder Schwiegermütter zu leiden haben.

Dieser schlichten Erkenntnis wollte ein langjähriger Kollege nicht folgen, obwohl ich ihm das schon bei seiner ersten Ehe nahegelegt hatte. Es war ihm egal, er zog sein Ding durch. »Du musst dich auch privat durchsetzen, sonst ist dein Jobgerede unglaubwürdig!«, so sein Credo. Mittlerweile ist er das dritte Mal verheiratet, weil seine ersten beiden Frauen auf sein Gerangel keine Lust mehr hatten. Im Ergebnis durchlief er die üblichen Scheidungsdramen und war hinterher immer etwas ärmer. Den Grundsatz *»Don't try this at home«* ignoriert er bis heute, denn er ist beratungsresistent. Er kann einfach nicht aus seiner Haut. Das lässt für seine private Zukunft nichts Gutes ahnen.

Pragmatische Beratung: Bleiben Sie, wie Sie sind – nur schärfer

Karrierekonflikte werden von der pragmatischen Beratung unter die Lupe genommen. Diese Beratung denkt strategisch und handelt pragmatisch. Sie fördert Ihre Fähigkeit, sich nicht in theoretischen, praktischen oder perfektionistischen Details zu verlieren, sondern für Probleme alltagstaugliche Lösungen zu finden. Sie will Ergebnisse liefern und Ziele erreichen. Die pragmatische Beratung will nicht Ihr Persönlichkeitsprofil verändern, denn Sie haben es mit Ihrem Profil ja zu etwas gebracht. Sie sollen bleiben, wie sie sind – nur schärfer. Dieser Ansatz spricht Führungskräfte an, die im Großen und Ganzen mit sich zufrieden sind, aber bei bestimmten Themen an ihre Grenzen stoßen.

Ihre Grenzen können Sie mit der Beantwortung folgender Frage eruieren: Welche Sorge treibt Sie um? Bitte versuchen Sie, das geradlinig zu beschreiben, möglichst primitiv, nicht kompliziert, auf den Punkt! Vermeiden Sie dabei den Konjunktiv, denn mit Worten wie »könnte« und »würde« gleiten Sie ins Nebulöse. Das ist nicht zielführend. Beginnen Sie Ihre Problemlösung besser mit einem schonungslosen Klartext, gerne auch im inneren Monolog, bis Sie Ihr Worst-Case-Szenario glasklar erkennen. Selbst Probleme, die exponentiell wachsen, werden Sie danach nicht mehr kalt erwischen können. Gefahr erkannt, Gefahr gebannt!

Ein promovierter Prokurist erkannte die Gefahren, die im Unternehmen auf ihn zurollen konnten. Ob sie es tun würden, hing von seinem kommunikativen Geschick mit den Geschäftsinhabern ab.

»Ich bin höflich, freundlich, warmherzig. Ich kann Rainer Maria Rilke zitieren und schätze Gottfried Benns Lyrik. Aber letztlich bin ich ein zu kultivierter Mann in der harten Stahlbranche. Ich brauche eine Extraportion Biss, ohne dass ich meinen kultivierten Stil verliere oder mich verbiegen muss«, sagte er mir.

Bei jemandem, der Gottfrieds Benns grausame Weltkriegslyrik liebte, bestand Biss-Hoffnung! Er konnte – wie jede andere Führungskraft – durchsetzungsstärker und bissiger werden, sofern eine mindestens 5-prozentige Veränderungsbereitschaft vorhanden war. Doch Veränderung verlangt Mut, um sich gegen innere und äußere Widerstände zu positionieren. Diese Positionierung verlangt wiederum das richtige Timing, denn Projekte gegen den Strom und ohne passende Rahmenbedingungen durchzusetzen, ist kraftzehrend und wenig erfolgversprechend. Daher riet ich zu Geduld: »Sie wollen sich mit Ihrem Projekt im Unternehmen durchsetzen. Das finde ich gut – nur haben Sie einen miserablen Zeitpunkt gewählt, denn unter den jetzigen Rahmenbedingungen haben Sie nur eine 30-prozentige Erfolgschance. Das ist zu wenig. Eine 51-prozentige Gewinnchance sollten Sie schon haben. Wenn nicht, lassen Sie die Finger davon und versuchen, in einem halben Jahr erneut durchzustarten, dann unter besseren Bedingungen, die Sie bis dahin mit Ihren Kolleginnen und Kollegen geschaffen haben.«

»Aber ich habe es eilig, warum ein halbes Jahr warten?«

»Ganz einfach, weil ein Erfolg in einem halben Jahr ein Erfolg ist. Eine Niederlage nächste Woche ist und bleibt eine Niederlage. Schnell, aber erfolglos zu arbeiten ist keine Strategie, sondern ein überhastetes Elend, für das Sie verantwortlich sein werden.«

Pragmatische Beratung empfiehlt nicht das schnelle Durchsetzen um jeden Preis, sondern fragt nach dem persönlichen Ziel: Wie viel Aufwand sind Sie bereit zu betreiben? Welches Ergebnis peilen Sie an – unter Berücksichtigung Ihrer Kosten-Nutzen-Analyse? Pragmatische Beratung fördert nicht Ihr Wunschkonzert, sondern durchdenkt, was in Ihrem konkreten Fall mit hoher Wahrscheinlichkeit funktionieren dürfte.

Schnörkelloser Klartext

Laut *Wirtschaftswoche* wünschen sich aus diesem Grund 80 Prozent der Mittelständler pragmatische Beraterinnen und Berater, die an kleinen Stellschrauben drehen, um große Konflikte auf Zwergenformat schrumpfen zu lassen. Meistens sind die Themen recht schnell auf die richtige Schiene gesetzt, denn die pragmatische Beratung ist ein kleiner chirurgischer Eingriff, der wenig Wunden und kaum Blut hinterlässt. Sie ist eine maßgeschneiderte Interaktion, für die es eine Voraussetzung gibt, damit sie gelingt: die schnörkellose, fast unfreundliche Klartext-Ansprache.

»Ich liebe Ihre klaren Ansagen«, sagte mir eine Juristin aus einem ostdeutschen Landesministerium. Mich beruhigte ihre Aussage, denn ich empfinde manche Rückmeldungen als arg direkt, fast unhöflich. Andererseits verschwenden sie keine Zeit, kommen ohne Vorgeplänkel auf den Punkt, voller Parteilichkeit für meine Gesprächspartnerinnen und Gesprächspartner. Eine Führungsfrau aus der IT-Branche kommentierte das so: »Sie sind partiell sprachlich verroht, Ihr Klartext ist alles andere als sensibel.« Ja, da ist etwas dran. Das ist meiner kriminologischen Sozialisation und meiner jahrelangen Arbeit in der Justiz mit Gewalttätern geschuldet. Das kriminelle Milieu hat wohl abgefärbt, allerdings nur sprachlich, denn ansonsten agiere ich ethisch im Rahmen von Kohlbergs präkonventioneller bis postkonventioneller Moral.

Natürlich könnte ich meine Sprache entschärfen, nur verspüre ich eine mephistophelische Lust, meinen Klartext beizubehalten, in einer Zeit, in der es en vogue ist, supersoft zu säuseln, egal um welche Form von beruflichen Konflikten es sich handelt. In der konfrontativen Pädagogik – deren »Erfinder« in der Erziehungswissenschaft ich bin – nennen wir diesen Klartext-Ansatz eine »gerade Linie mit Herz«! Deswegen frage ich – und das sollten Sie auch tun – mein Gegenüber, ob eine direkte Ansprache okay ist oder ob ich sensibel formulieren soll. Die Antwort lautet aus Neugier und zeitökonomischen Gründen fast immer: »Ich bin offen für Klartext.« Diese Einstiegsfrage ist auch bei festgefahrenen Konfliktgesprächen zu empfehlen: »Darf ich unser strittiges Thema ganz pointiert, direkt und undiplomatisch ansprechen? Ist das okay für Sie?« Folgt die Zustimmung, kann Klartext unter vier Augen gesprochen werden, ohne dass hinterher Ihr Gegenüber verstimmt ist oder das Gesicht verliert.

Einen Immobilienkaufmann irritierte dieser Kommunikationsansatz in Bezug auf Frauen im Business: »Stimmt es, dass Sie auch Frauen mit diesem Klartext beraten, also ohne Umschweife und ungeschminkt? Ist das nicht unzeitgemäß? Brauchen die heute noch Männer, die ihnen Ansagen machen?« Ich dränge Frauen nicht meine Ansagen auf, sondern die Interessierten bitten darum – und damit geschieht alles in einem abgestimmten Rahmen. Sie wollen ohne Wenn und Aber erfahren, wie erfolgsorientierte Männer agieren, die Frauen loswerden wollen, weil sie Mitbewerberinnen als Konkurrenz empfinden, denn allein der Satz »Bei gleicher Qualifikation werden Frauen bevorzugt« löst bei Karrieremännern Bedrohungsgefühle aus. Diese Männer sehen darin einen Wettbewerbsnachteil, dem sie sich nicht kampflos ergeben wollen – und ich berate Managerinnen, wie sie in diesem Spiel das Ruder in der Hand behalten:

»Ich will mich durchsetzen, aber nicht aus Egoismus, sondern weil ich unser gutes Projekt realisieren will. Und ein paar ältere Männer behindern mich, wo und wie sie nur können, so mein Eindruck. Und ich bekomme die nicht zu fassen«, brachte es eine Managerin auf den Punkt.

»Nicht alle älteren Herren kommen damit zurecht, dass jüngeren Frauen 50 Prozent der Zukunft gehört. Sie wehren sich mit ihren letzten archaischen Zuckungen gegen ihren Einflussverlust. Wenn Sie aber wissen, wie diese Männer ticken, für welche Fragen und Rückmeldungen sie anfällig sind, dann können Sie sie dazu bringen, in Ihnen keine Gefahr zu sehen und Ihnen aus der Hand zu fressen. Gefällt Ihnen das?«

»Mir würde es reichen, wenn die mich einfach meine Arbeit machen lassen.«

»Dieser Wunsch geht nicht zum Nulltarif in Erfüllung. Meine Empfehlung: Machen Sie den Herrn zu Ihrem Berater. Bitten Sie ihn, Sie zu einem komplizierten Thema zu briefen. Fragen Sie ihn, wie Sie aus seiner Sicht vorgehen sollten – angesichts seiner immensen Erfahrung. Diesem Interesse an seiner Expertise wird er mit hoher Wahrscheinlichkeit erliegen, daher wird er sie beraten und seine Attacken gegen Sie einstellen, denn Sie haben ihn dadurch zu Ihrem ›Freund‹ gemacht.«

»Ernsthaft? Muss das sein?«

»Sie können es auch laufen lassen, das könnte allerdings kein gutes Ende nehme. Um das zu klären, fragen Sie sich bitte:

- Von wo droht Ihnen potenzieller Ärger?
- Welche Dinge haben Sie gemacht oder machen Sie, die Ihnen in Zukunft schaden könnten?
- Welche neuen Entwicklungen im Unternehmen bergen Gefahren für Sie und Ihre Zukunft?

Es gilt der Satz: Gefahr erkannt, Gefahr gebannt!«

Realistische Bestandsaufnahme

»Ich finde Ihren Ansatz ganz schön aggressiv«, kommentierte ein Vertriebler meine Vorliebe für die positive Aggression. Überraschend in einem Bereich, der per se aggressiv agiert.

»Das ist nicht aggressiv«, erwiderte ich, »sondern realistisch, vor allem wenn Sie in einer Wettbewerbssituation stecken. Mit den Interaktionen, die in solchen Situationen ablaufen, kenne ich mich aus, denn da bin ich Fachidiot oder Experte, ganz wie Sie mögen. Aber zu Ihrer Beruhigung: Diese Aggro-Expertise wird selten gebraucht, aber wenn, dann geht es um viel Geld, Personal oder Einfluss. Die meisten unserer beruflichen Konflikte lösen wir in gedämpfter Tonlage unter vier Augen. Nur der Rest belastet oder gefährdet uns, weil die Konfliktpartner hinterhältig und egomanisch agieren.«

Schönes Gerede ist beliebt, es ist auch nett im Alltag anzuhören, aber bedeutungslos in Problemsituationen, denn hier trennt sich die Spreu vom Weizen. Viele Kolleginnen und Vorgesetzte sind freundlich und höflich, lassen Sie aber im Regen stehen, wenn Entscheidungsdruck herrscht, Kontroversen eskalieren und Ihnen der Arsch auf Grundeis geht. Zur realistischen Einschätzung Ihres beruflichen Standings hilft es, wenn Sie Ihr Umfeld an dessen Taten messen und nicht an den netten Worten, die Sie sicher häufiger zu hören bekommen. Auf welche Personen können Sie sich in der Krise verlassen, auch in einer, die Sie unabsichtlich verursacht haben? Rückendeckung brauchen

Sie in stürmischen Zeiten, nicht dann, wenn die Sonne scheint. Schönwetter-Kollegen sind im Alltag ein nettes Beiwerk, in Business-Konflikten braucht sie kein Mensch. Machen Sie eine schonungslose Analyse Ihres beruflichen Umfelds und schauen Sie, wer übrig bleibt. Das kann ernüchternd sein, aber eine Realität, die es zu bedenken gilt, um nicht im Krisenmoment auf die Falschen zu setzen. Dafür sollte man wissen, wen man mit welchen Qualitäten und Defiziten vor sich hat.

Mein Chef wusste das. »Sie sind schlecht in Diplomatie«, sagte er eines Tages unvermittelt.

»Ja, das stimmt«, erwiderte ich. »Diplomatie liegt mir nicht, denn ich rede gerne Klartext und bringe manche Themen ohne viel Feingefühl auf den Punkt. Mein diplomatisches Gespür ist unterentwickelt, sodass ich Konflikte eher hochkoche, als dass ich sie schlichte, aber dafür bin ich sehr gut darin, Themen gegen Widerstände durchzuboxen. Das liegt mir im Blut, darin bin ich geübt, da bin ich auf die Erreichung der Ziele fokussiert.«

»Deswegen werde ich auf Ihr diplomatisches Unvermögen verzichten und Sie beim Durchsetzen von Projekten um Hilfe bitten. Da braucht es Kampfgeist, denn die Umsetzung wird kein Selbstgänger. Stehen Sie mir dabei zur Seite?«

»Das mit meinem Unvermögen haben Sie feinsinnig formuliert und um Ihre Frage zu beantworten: Natürlich stehe ich Ihnen zur Seite!«

Liebe Leserinnen und Leser, so schön kann Kommunikation sein, wenn unser berufliches Umfeld von unseren Stärken und Schwächen weiß, und es riecht nach Erfolg, wenn wir dort aktiv werden dürfen, wo unsere Expertise liegt. Aber vor dem Erfolg kommt der Schweiß. Leider, denn niemand mag berufliche Konflikte und den Stress, den sie zur Folge haben.

Konkurrenzsituationen überall

Niemand mag harten Wettbewerb, bei dem immer die Chance der Niederlage besteht und die Existenzsorge mitschwingt, falls man den Kürzeren zieht. Die meisten von uns möchten entspannt und erfolgreich arbeiten. Sie freuen sich über die Anerkennung ihrer Leistung und schätzen es, motiviert zu werden, aber reagieren allergisch auf Druck, Misstrauen oder Controlling. Sie schätzen auch die Arbeit im Homeoffice oder von den Balearen, denn nicht der Arbeitsort ist für sie entscheidend, sondern der Output, und dafür ist es egal, ob sie beim Digital-Meeting im Hamburger Firmenbüro oder mit Blick aufs Bergpanorama von Soler sitzen. So viel Freiheit ist wunderbar und es gibt eine Menge Jobs, in denen das zumindest in Intervallen möglich ist. Die modernen Arbeitsmodelle, die im Kontext von New Work diskutiert werden, spiegeln diese schöne Seite der Berufswelt wider.

Diese Schönheit wird schnell auf die Probe gestellt, wenn der Wettbewerb härter wird, weil globale und lokale Krisen uns fordern oder Konkurrenzsituationen entstehen, weil der Mitbewerber im Handel seinen Store auf der gegenüberliegenden Straßenseite eröffnet, um Ihnen die Kunden vor der Nase wegzuschnappen. Auch eskaliert es schnell, wenn mehrere geeignete Kandidatinnen und Kandidaten im Unternehmen diese eine Stelle haben möchten, die auch Sie nach vorne katapultieren würde. Es kracht, wenn Ihre zukunftsweisende Innovation abgekupfert wird und leicht modifiziert als Konkurrenzprodukt den Markt überschwemmt.

Wir wissen alle: Es gibt unendlich viel Konkurrenz, Neid und Missgunst, die Ihre Mitbewerberinnen und Mitbewerber krasser agieren lassen als jedes überwunden geglaubte Klischee. Plötzlich werden Sündenböcke und Außenseiter kreiert und wenn es ganz schlecht läuft, dann trifft es auch Sie. Mobbing und Bossing erfahren in diesen Spannungsfeldern ihre Renaissance und was New Work überwinden möchte, entfaltet kraftvoll seine destruktiven Kräfte. Der Mensch offenbart in diesen Phasen seine Fähigkeit zum Guten und zum Bösen, wie es der deutsch-amerikanische Psychoanalytiker Erich Fromm feinsinnig formulierte. Dieser Realität müssen wir uns stellen, ohne dass sie uns zum Zyniker mutieren lässt, sondern zu einer Person, die diesen Herausforderungen strategisch klug begegnet. Kurz gesagt: Wenn Sie zur New-Work-Perspektive die zwölf Peperoni-Spielregeln der Bad Girls und Bad Boys addieren, dann sind Sie ganzheitlich aufgestellt und klar im Vorteil, weil Sie nicht aus allen Wolken fallen, nur weil es plötzlich brenzlig, unfair oder ungerecht zugeht.

Ein paar Beispiele aus meinem Berufsleben:

- Einer meiner Mitbewerber behauptete, meine Dissertation sei ein Fake, um sich einen Bewerbungsvorteil auf eine hoch dotierte Stelle zu verschaffen, die ich bekommen sollte. Sein Vorwurf wurde durch eine Kommission widerlegt, für deren präzise Arbeit ich heute noch dankbar bin.
- Dann gab es den Versuch, meine Markenrechte zu okkupieren, weil ich als schusseliger Professor eine Frist versäumt hatte, in die ein Konkurrent hineingrätschte, um meine Erfindung an sich zu reißen. Das konnte juristisch abgewehrt werden.
- Bei einer weiteren Attacke wurde mein Personalbudget, das siebenstellig aufgestockt werden sollte, torpediert. Auch das konnte ich verhindern, wenn auch nur auf eine grobe Art und Weise, auf die ich zurückgriff, weil mir in dem Moment nichts Besseres einfiel.

Mein ethisch zweifelhaftes Ringen um dieses Personalbudget möchte ich nun in Kapitel 2 als erstes Fallbeispiel etwas detaillierter ausführen, auch wenn mich diese Geschichte in kein gutes Licht stellt. Doch das ist okay, da ich nicht vorhabe, mit diesem Buch einen »Nettigkeitspreis« zu gewinnen. Natürlich könnte ich mit einer Story aufwarten, bei der ich glänze, wie Robin Hood im Kampf für mehr Gerechtigkeit, aber aus dieser hässlichen Budget-Geschichte mit einem extra hohen Schärfegrad können Sie eine Menge darüber erfahren, welches Mindset Sie brauchen, wenn Ihnen die Felle davonschwimmen. Sie können prüfen, ob Sie bereit sind und fähig sein wollen, solchen Einsatz zu zeigen.

KAPITEL 2

Herausfordernde Kolleginnen und Kollegen

Fallsituationen – Analysen – Empfehlungen

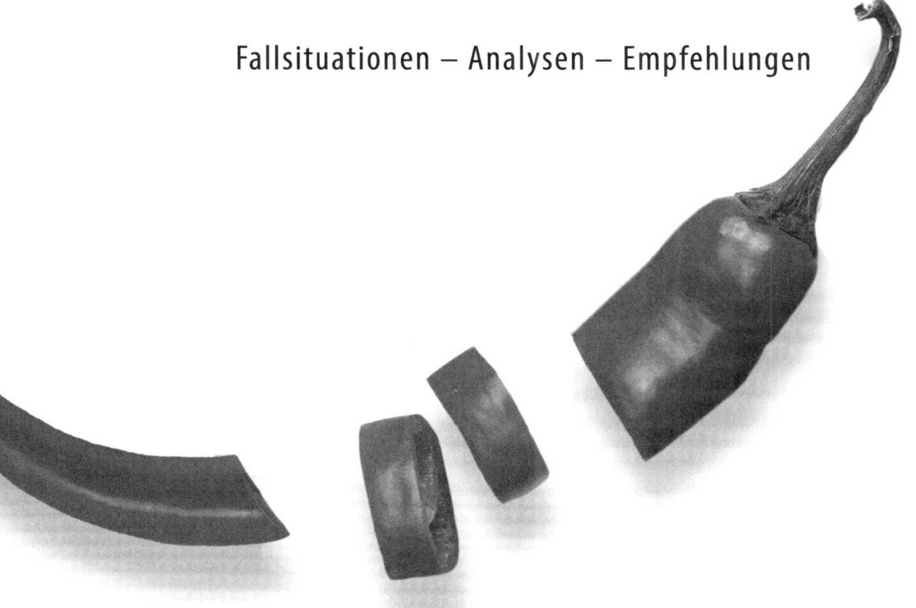

HERAUSFORDERNDE KOLLEGINNEN UND KOLLEGEN kennen wir alle: Sie nerven, sind schlecht vorbereitet, stören abgestimmte Prozesse, tragen mit ihrem Gerede Unruhe ins Team oder arbeiten schlicht gegen uns. In diesem Kapitel wimmelt es von Fallbeispielen mit diesem Menschenschlag, die analysiert und gelöst werden. Anhand der Empfehlungen können Sie Wege für Ihre eigene Konfliktlösung ableiten, wenn man Ihnen Ihr Budget streitig machen will, Ihre Expertise ignoriert, Sie als »einfach strukturiert« bezeichnet, Ihren Aufstieg aktiv behindert oder Sie um unverblümte Kritik bittet, nur um Sie im Anschluss als illoyal hinzustellen. Das Berufsleben ist nicht immer gerecht, aber das wissen Sie ja.

Die will meine Planstellen klauen!

Es ging um zwei Professorenstellen, beide 90.000 Euro wert, also 180.000 Euro pro Jahr, Laufzeit mindestens zehn Jahre. Alles war vor der Sommerpause im Führungskreis abgestimmt worden, es fehlte nur noch das finale Go im obersten Gremium. Eine reine Formalität, angesetzt zwei Tage nach der Rückkehr aus den Ferien.

Den Sommerurlaub verbrachte ich mit meiner Familie auf Langeoog. Prächtiges Wetter. Zweieinhalb Wochen barfuß im Sand. Natur und Entschleunigung pur. Diese Insel ist unglaublich langweilig und daher ein Traum für alle, die richtig abschalten wollen. Mir gelang das prächtig, mein Kopf war frei. Deswegen roch ich den Braten zu spät.

Nach meiner Rückkehr war die Zusammensetzung unseres Entscheidungsgremiums völlig verändert. Aufgrund der Urlaubszeit waren nur die Stellvertreterinnen und Stellvertreter da – und eine exzellent vorbereitete Kollegin, die bezüglich »meiner« Stellen noch einmal um das Wort bat. Sie präsentierte einen 1A-Pitch, in dem sie deutlich machte, dass mein Personalschlüssel übererfüllt sei, während bei ihr hochbegabte Ingenieurinnen auf ihre Berufung warten würden. Spitzenfrauen im Technologiebereich, die man nicht ziehen lassen dürfe.

Ich sah die Begeisterung in den Augen der Stellvertreterriege. Ich selbst hätte ihr auch zugestimmt, weil sie so überzeugend argumentierte, wenn es hier nicht um *meine* Stellen gegangen wäre. In wenigen Sekunden würde das Gremium umschwenken und ihr die 1,8 Millionen Euro zuweisen. Helle Panik, meine Alarmglocken schrillten! Ich musste einen Weg finden, um die Sitzung zu crashen – und ich fand einen.

Ich blickte ruhig in die Runde und sagte viel zu laut: »Unsere Kollegin lügt! Und jeder sieht hier, dass sie lügt!« Ein riskantes Manöver, das auch hätte schiefgehen können.

Unser Dekan, ein harmonieorientierter Mensch, starrte mich entsetzt an, doch ich wiederholte laut: »Sie lügt!« Die Stimmung im Gremium eskalierte, alle waren erregt und entsetzt über mein Auftreten.

Er versuchte zu schlichten: »Ich sehe hier gerade zwei ICEs aufeinander zurasen.«

Ich erwiderte: »Ich sehe hier nur eine Frau, die lügt!«

Ich wurde gebeten, meine Vorwürfe zu präzisieren, doch ich wies darauf hin, dass ich gerade überrumpelt worden sei und ein wenig mehr Vorbereitungszeit bräuchte, um mein Anliegen seriös vorzutragen. Das Stellvertretergremium scheute sich ohnehin vor einer weiteren Eskalation, und daher wurde die Aussprache in die nächste Sitzung verlegt.

Ich kürze das Ganze einmal ab: In der nächsten Sitzung waren die Leitungen aus dem Urlaub zurück. Ich hatte sie vorab informiert, dass die Kollegin mit einem klasse Pitch meine Stellen abzocken wollte. Das stieß auf wenig Verständnis, denn es war ja bereits anders vor dem Sommerurlaub verabredet gewesen. Zu einer Aussprache kam es deswegen auch nicht mehr. Ich sollte mich nur – wegen meines unmöglichen Tons – bei ihr entschuldigen, was ich auch tat. Die Abstimmung knüpfte dann an die ursprüngliche Planung an und ich bekam beide Stellen.

Entscheidend sind nicht die Details dieses Konflikts. Das Aufschnüren von Budgetthemen und der Versuch, Gelder umzuwidmen, geschieht in Wettbewerbssituationen immer wieder. Wichtig ist mir Ihre Interpretation dieses Disputs: Betrachten Sie meine Kollegin als Opfer meiner Machenschaften, weil ihr toller Pitch durch meinen unberechtigten Lügenvorwurf neutralisiert wurde? Dann wäre ich natürlich der böse Ellenbogentyp. Oder sehen Sie meine Kollegin als klug kalkulierende, abgezockte Frau, die gezielt den Sommertermin mit der B-Besetzung abgepasst hat, um mir auf den letzten Metern den Millionenbetrag zu entreißen? In diesem Fall wäre ich fast das Opfer ihrer abgebrühten Strategie geworden, die ich nicht unbedingt elegant, aber immerhin wirkungsvoll durchkreuzen konnte. Wie sehen Sie das?

Ich bin nicht stolz auf meinen Auftritt, aber darauf, dass ich am Ende beide Stellen besetzen konnte. Übrigens fantasierte ich vor meinem geistigen Auge, dass mich die Kolleginnen und Kollegen meiner Fakultät wegen dieses Verhandlungserfolgs in einer Sänfte in die nächste Sitzung tragen würden, nachdem sich die frohe Kunde verbreitet hatte, dass unser neuer Master-Studiengang nun realisiert werden konnte. Weit gefehlt. Mein Umgang mit der Kollegin hatte sich herumgesprochen und wurde von zwei Dritteln meines Kollegiums kritisiert. Das Geld und der Studiengang erschienen ihnen unbedeutend angesichts meines groben Auftritts. Ich gab mich einsichtig, gelobte Besserung – und ließ innerlich die Korken knallen. Der neue Master-Studiengang und die Millionen waren mir wichtiger als ein Sympathiepreis im Kollegium.

Würde es Ihnen ähnlich ergehen oder ganz anders? Das sollten Sie auf dem Weg zur Peperoni-Strategin beziehungsweise zum Peperoni-Strategen beantworten, bevor Sie selbst vor die Wahl gestellt werden, freundlich zu verlieren oder unbeliebt zu gewinnen. Eine entscheidende Frage bezüglich Ihrer beruflichen Zukunft lautet: Was ist Ihr primäres Ziel, wenn es um alles oder nichts geht? Die Harmonie zu pflegen und die Sympathie Ihres Umfelds zu genießen oder der Umsetzungserfolg, den es nicht immer zum Schönheitspreis gibt?

Die meisten Führungskräfte wollen beides: beliebt sein und erfolgreich. Warum auch nicht? Aber mein Beispiel verdeutlicht, dass das eben nicht immer klappt. Spätestens dann stecken Sie in einem moralischen Dilemma und es ist Ihre Aufgabe, dieses Dilemma frühzeitig aufzulösen und nicht erst, wenn Sie mitten im Konflikt stecken, denn dann würde Ihnen der klare Handlungskompass fehlen. Also finden Sie Ihren Standpunkt!

Die lassen mich eiskalt gegen die Wand laufen

»Das ist für mich eine absurde Situation. Ich bin auf meinem Gebiet ein Experte, werde auf internationale Fachkongresse als Referent eingeladen, um meine Expertise mit dem Publikum zu teilen. Deswegen hat mich mein neues Unternehmen mit sehr guten Konditionen gelockt und erfolgreich abgeworben.«

»Präzisieren Sie bitte, was Sie unter ›absurder Situation‹ verstehen.«

»Alles, was ich vorschlage, wird sehr verhalten aufgenommen oder ignoriert, als würde ich gegen eine Wand reden. Es gibt kaum Rückmeldungen zu meinen Anregungen, schon gar keine Diskussion oder Abstimmung, ob wir meine Vorschläge umsetzen wollen oder nicht. Es verpufft alles! Das hatte ich mir bei Dienstantritt anders vorgestellt. Wenn ich das geahnt hätte, hätte ich mein altes Unternehmen nicht verlassen und wäre nicht umgezogen. Ich weiß nicht, woran ich hier bin.«

[Analyse] »Ich glaube, Sie haben vergessen, dass vor dem Inhalt die Beziehung steht. Verstehen Sie, was ich meine?«

»Nein, nicht so ganz.«

»Wenn Sie als frisch berufener Experte und damit als ›neuer Schlaumeier‹ etwas Intelligentes vorschlagen, dann gehen Sie mir als altem Hasen im Unternehmen erst einmal auf den Sack. Sie wurden mir und dem ganzen Team ja vor die Nase gesetzt, weil wir hier bisher vermutlich zu doof waren. Wenn Sie jetzt tatsächlich etwas sehr Schlaues liefern, bestätigt das meine Befürchtung und Sie bekommen aus Verärgerung über diese Erkenntnis von mir und dem Team nicht das Schwarze unter dem Fingernagel. Hinzu kommt, dass niemand weiß, ob man sich auf Sie hundertprozentig verlassen kann. Niemand weiß, ob Sie alle bei einem Erfolg mitnehmen oder nur selbst glänzen wollen und uns wieder doof dastehen lassen. Es gibt also aufseiten Ihrer Kolleginnen und Kollegen viele Unklarheiten, die Sie ausräumen müssen. Können Sie das nachvollziehen? Die sind misstrauisch, weil die Sie nicht kennen. Die wissen nicht, ob Sie deren Zustimmung zu Ihren Ideen angemessen wertschätzen werden. Solange die das nicht wissen, lassen die Sie am langen Arm verhungern und machen keinen Finger für Sie krumm.«

[Empfehlung] »Ihre erste Aufgabe sollte es jetzt sein, Ihrem Team diese Gewissheit zu verschaffen. Es geht um einen Vertrauensvorschuss Ihrer Seite, wie bei einem Blankoscheck, indem Sie denen garantieren, sie mitzunehmen und deren eigene Vorhaben nicht zu torpedieren. Die wollen sich auf den neuen Schlaumeier verlassen können. Daraus ergibt sich glasklar, was Sie als Erstes tun müssen, bevor Sie mit weiteren Innovationen kommen: Sie müssen jedem Einzelnen Ihre Wertschätzung versichern und darauf hinweisen, dass Sie sie nie öffentlich kritisieren werden. Bekommen Sie das hin oder finden Sie diesen Vorschlag zu anbiedernd?«

»Ein bisschen schon, aber einen Versuch ist das wert.«

Zwei Wochen später mailte er mir: »Unglaublich, dass das Berufsleben so einfach sein kann!« Seine Solidaritätsbekundungen hatten gefruchtet. Sein Versprechen, kritische Anmerkungen nie im Meeting, sondern nur im Dialog vorab anzusprechen, kam gut an. Er hatte durch seine kleinen Interaktionen etwas Wichtiges demonstriert: Berechenbarkeit. Sie ist die Grundlage für Vertrauen.

Es sind häufig die kleinen Stellschrauben, an denen Sie drehen müssen, um Ihre Ziele zu erreichen. Je früher Sie Konflikte erfassen, desto leichter lassen sie sich auflösen. Wenn Sie die Konflikte aus Faulheit oder Ignoranz wachsen lassen, nur weil Sie hoffen, dass sie von alleine verschwinden, dann verpassen Sie den richtigen Interventionszeitpunkt und das Elend nimmt seinen Lauf.

Die lassen mich im Regen stehen

»Meine neue Führungsposition habe ich mir in dieser internationalen Firma gewünscht. Jetzt bin ich seit einem Monat hier und erledige meine Aufgaben im luftleeren Raum, denn ich bekomme niemanden zu fassen. Die Führungscrew ist über Zürich, Frankfurt, Berlin und Amsterdam verteilt und die Kommunikation läuft über Meetings auf Teams. Ein persönlicher oder informeller Austausch findet nicht statt. Ich weiß nicht, wie meine neuen Kolleginnen und Kollegen denken und ich bin mir unsicher, ob ich die Ansprüche erfülle, die man an mich hat. Ich höre zwar nichts Kritisches, aber Ermutigendes höre ich auch nicht und mir ist nicht klar, in welchem Rahmen ich etwas ansprechen kann. Praktisch arbeite ich meine Agenda ab und könnte es auch dabei belassen, aber diese anonyme Situation verunsichert mich zunehmend. Das wird mittelfristig zu nichts Gutem führen.«

[Analyse] »Ihre regional verstreute Führungsgruppe definiert sich nicht als Einheit, sondern sorgt dafür, dass das jeweilige eigene Feld gut bestellt ist. Was Sie auf Ihrem ›Acker‹ treiben, das hat für die anderen keine zentrale Bedeutung. Ganz im Gegenteil, denn sie denken sich, die Neue ist ja auch hoch bezahlt und wird das schon hinbekommen, denn sonst hätte man ihr diese Führungsposition nicht gegeben. Wenn sie was braucht, dann wird sie sich melden oder untergehen.«

[Empfehlung] »Genau das sollten Sie tun: sich melden, anstatt mit einer Verunsicherung ›unterzugehen‹. Aus der Verunsicherung kommen Sie heraus, wenn Sie proaktiv werden, denn von Ihrem verstreuten Führungsteam in den unterschiedlichen Metropolen wird nichts kommen. Daher verabreden Sie mit den fünfen innerhalb der nächsten zehn Tage kurze Einzelgesprächstermine. Online oder live, das ist egal, aber auf jeden Fall *face to face*. 15 bis 30 Minuten sollten reichen. Stellen Sie jedem Ihrer Gesprächspartner folgende Fragen:

- Da ich die Neue bin, würde ich mich gerne mit Ihnen einmal persönlich abstimmen, daher meine Frage: Wie möchten Sie, dass ich mit Ihnen umgehe, damit die Kommunikation zwischen uns beiden gut klappt? Was ist Ihnen da wichtig?

- Darf ich Sie bei Themen, die mir unklar sind, kontaktieren, um mich vorab mit Ihnen abzustimmen, damit ich nicht in Fettnäpfchen trete?
- Haben Sie Themen, von denen Sie sich wünschen, dass ich sie stärker in den Fokus nehme?

Nach diesen Gesprächen werden Sie neue Klarheit gewonnen haben. Sie wissen nun, wie Sie am besten mit den jeweiligen Kolleginnen und Kollegen umgehen sollten. Sie erkennen, wer Interesse an Ihnen zeigt und wem Sie egal sind. Sie erfahren von Themen, die in Ihrer Führungsriege Bedeutung haben. Auf dieser Erkenntnisgrundlage können Sie klarer agieren. Und *by the way* gelten Sie nun als eine Frau, die nachfragt, die sich interessiert und mit der man es wagen kann, vertrauensvoll zu kommunizieren. Nicht schlecht für den Anfang, oder?«

Unklarheit und Misstrauen sind die Brandbeschleuniger für Machtspiele, in denen jede und jeder seinen Claim absteckt und versucht, sein Gegenüber im Status zu reduzieren. Ein beliebtes Machtspiel, auf das Sie nicht hereinfallen sollten, ist es, Sie gegen die Wand laufen zu lassen, indem man Ihnen Aufgaben zukommen lässt, die Sie nicht lösen können, weil Ihnen die Zeit oder die Mitarbeiter fehlen oder schlicht das Know-how. Ihr Auftraggeber weiß das und inszeniert damit Ihren Misserfolg, um Sie schlecht dastehen zu lassen. Dem Ganzen wird die Krone aufgesetzt, wenn Ihr Auftraggeber Sie vor versammelter Mannschaft demontiert, indem er seine Enttäuschung darüber zum Ausdruck bringt, dass Sie die gestellte Aufgabe wider Erwarten nicht bewältigen konnten. Versenkt!

Daher seien Sie klar und kommunizieren in so einem Fall frühzeitig, dass die gestellte Aufgabe in der vorgegebenen Zeit nicht einmal von einem Nobelpreisträger gelöst werden kann. Fordern Sie, über alternative Lösungswege nachzudenken, die dann von mehreren geschultert werden. Durchsetzungsstärke bedeutet ja nicht, mit einem ›Basta!‹ auf den Tisch zu hämmern, sondern möglichst störungsfrei die Ziele zu erreichen, die Sie sich gesetzt haben, oder Angriffe abzuwehren, die Sie alt aussehen lassen.

Warum der ›Aggro-Basta-Auftritt‹ punktuell eine kluge Wahl sein kann, erfahren Sie in Kapitel 5. Im nächsten Fallbeispiel, in dem kollegiale Arroganz eine Rolle spielt, hätte es dem Protagonisten zumindest gutgetan, diese Keule auszupacken. Das wäre befriedigend, aber nicht zielführend gewesen.«

Die dissen mich als dummen Handwerker

»Ich bin ein ›dummer Handwerker‹ in einem Team von Bankern. Alle wissen in unserem Finanzkonzern, dass ich Topumsätze einfahre, weil ich sehr viele Maschinen des Bäckereihandwerks versichere. Das gelingt mir, weil ich aus dem elterlichen Bäckereibetrieb komme. Ich bin also in erster Linie kein Geldmensch, kein Banker oder Versicherungsspezialist, sondern Handwerker. Ich spreche und denke wie meine Kunden. Die spüren sofort meinen Stallgeruch und deswegen ziehe ich sie wie ein Magnet an und komme zu meinen überdurchschnittlich hohen Abschlüssen. Umgekehrt ist es bei meinen Kollegen und unserer Hausspitze. Die schätzen oder beneiden zwar meinen Erfolg, aber sie lassen mich spüren, dass ich aus dem Handwerk komme und damit in ihrem Geldmilieu ein primitiver Fremdkörper bin.«

»Wie lassen die Sie das spüren?«

»Sie pflegen hochnäsige Umgangsformen, bilden sich etwas auf ihre teuren Anzüge ein, geben sich elitär und lassen mich meine Bodenständigkeit als Makel spüren. Mein Chef ergänzt das noch mit einer aufwändigen und albernen Dokumentationspflicht, die mich von meiner Kernarbeit, nämlich Abschlüsse zu generieren, abhält, nur um mir zu zeigen, wer hier der Herr im Haus ist. Das kostet mich Zeit, ist kontraproduktiv und nervt, zumal ich Vater von drei Kindern bin und Wichtigeres zu tun habe, als irgendetwas zu dokumentieren, obwohl der Rubel rollt. Ich will aber auch nicht das Unternehmen verlassen, weil das einen Ortswechsel bedeuten würde. Meine Frau und die Kinder sind hier in der Region sehr gut integriert und ich will sie da nicht herausreißen. Was soll ich tun? So kann es jedenfalls nicht weitergehen!«

»Verstehe ich Sie richtig: Sie wollen mit den Hochnäsigen, die auf Ihrem Spezialgebiet dümmer sind und weniger Umsätze als Sie generieren, zukünftig entspannter klarkommen und das möglichst ohne die aufwändige Dokumentationspflicht?«

»Genauso ist es.«

[Analyse] »Obwohl die meisten Ihrer Kolleginnen und Kollegen aus dem Bankenwesen kommen und damit Zahlen- und Geldmenschen sind, haben Sie die deutlich besseren Abschlüsse, weil Sie aus einem Bäckereibetrieb kommen. Sie sind für die anderen eine Provokation, denn aus deren arroganter Sicht sind Sie ja nur ein Handwerkstölpel, aber peinlicherweise einer mit mehr Erfolg. Die verstehen Sie nicht, die verstehen auch Ihren Erfolg nicht und haben deswegen das Gefühl, Sie nicht im Griff zu haben. Um das zu ändern, quält Ihr Chef Sie mit überflüssigen und zeitraubenden Controlling-Fragen. Die geben ihm zumindest ein wenig das Gefühl, dass Sie nach seiner Pfeife tanzen.«

[Empfehlung] »Gehen Sie zu Ihrem Chef. Sagen Sie ihm, dass Sie über Ihren eigenen Erfolg verblüfft sind, aber genau wissen, dass Sie es ohne seinen Support und ohne seine Anregungen nie geschafft hätten, weil Ihnen in Gelddingen das Verständnis und der Biss gefehlt haben, bevor Sie ihn kennengelernt haben. Über seine Anregungen würden Sie sich daher auch in Zukunft freuen, weil sie die Basis für Ihren Erfolg darstellen – der damit ja auch sein Erfolg ist. Ihre Botschaft an Ihren Chef sollte also lauten: ›Ohne Sie bin ich nichts.‹ Ihr Chef wird diese Erkenntnis lieben und er wird über so viel unerwartete Wertschätzung verblüfft und erfreut sein. Danach wird er Ihnen seinen väterlich-fürsorglichen Support zusichern. Der schöne Nebeneffekt für Sie ist, dass Ihr Chef sich jetzt sicher ist, dass der kleine Bäckerjunge es ohne ihn nicht schafft. Zwei Wochen später können Sie ihn dann bitten, Ihre Dokumentationspflicht zu verschlanken. Der ›Vater Ihres Erfolgs‹ wird dann mit hoher Wahrscheinlichkeit gönnerhaft seinem Bäckerjungen zustimmen.«

Mein Kunde musste über diese infantile Analyse vom »Erfolgs-Papa und dem Bäckerjungen« schmunzeln, probierte diese strategische Kommunikation aber aus, auch wenn er sich anfangs schwertat, seinen Erfolg explizit auch seinem Chef zuzuschreiben. Dessen positive Reaktion und vor allem die deutliche Reduzierung seiner Dokumentationspflicht waren ihm aber Trostpflaster genug. Danach führte er ähnliche Gespräche in abgeschwächter Form mit seinen arroganten Kollegen, die ebenfalls deutlich entspannter wurden, weil er ihnen ihren Wert für seinen Erfolg verdeutlichte: »Ohne euer Vorbild hätte ich mich nie getraut, den Sack bei den Vertragsabschlüssen so konsequent zuzumachen.« Nun waren auch diese Wichtigtuer zufriedengestellt, weil sie sich in ihrer Bedeutung erkannt fühlten, und mein Kunde konnte in Ruhe das machen, was er liebte: mit seinen Kunden weiterarbeiten – ohne Störfeuer!

Um Störfeuer geht es auch im nächsten Fall, wobei diese als Kritik offiziell eingefordert wurden.

Offene Fehlerkultur wird gewünscht, aber wehe, man praktiziert sie

»Mir wurde bei meiner Einstellung von Human Ressource von der offenen Fehlerkultur vorgeschwärmt, die mein neues Unternehmen wünscht. Das fand ich gut und für mich waren zwei Fehler bereits nach zehn Tagen so offensichtlich, dass ich sie direkt im Meeting ansprach. Ich wollte mich im Sinne des Unternehmens einbringen und meinen Beitrag zur Fehlerkultur leisten. Das war jedoch wider Erwarten keine gute Idee. Mein Beitrag wurde zum Bumerang, weil allen in der Runde der Fehlerverursacher sofort klar war, der das auch sofort um die Ohren gehauen bekam. Danach war nicht nur er, sondern sein gesamtes Team auf mich sauer. Sie sprachen von verbrannter Erde und öffentlicher Bloßstellung durch mich und dass ich hier sicher einen schweren Stand haben würde. Für mich war das eine bittere Erfahrung und ich habe das Gefühl, alles falsch verstanden und falsch gemacht zu haben.«

[Analyse] »Sie haben der theoretischen Firmenphilosophie von der offenen Kritikkultur geglaubt und sind ins offene Messer gelaufen. Sie wurden zum Überbringer der schlechten Nachricht und dieser Überbringer wird seit Jahrhunderten ›geköpft‹, auch wenn Sie es gut gemeint haben und Ihr Hinweis dem Unternehmen vermutlich helfen wird. Auf der fachlichen Ebene haben Sie richtig gehandelt, in Bezug auf Ihr eigenes Standing im Unternehmen haben Sie sich als einer, der andere anschwärzt, ins Abseits katapultiert und auf der kommunikativen Ebene haben Sie missachtet, dass man Fehler zunächst mit den Betroffenen unter vier Augen kommuniziert, damit diese nicht ihr Gesicht verlieren.«

[Empfehlung] »Entschuldigen Sie sich im ersten Schritt bei den Betroffenen. Sagen Sie, dass Sie zu naiv an die offene Fehlerkultur geglaubt haben und dass Sie Ihre öffentliche Kritik bedauern. Versichern Sie, dass Sie so etwas nicht noch einmal tun werden. Im zweiten Schritt suchen Sie Ihre Chefin auf. Fragen Sie sie, ob es okay ist, wenn Sie zukünftig mit ihr erst einmal unter vier Augen sprechen, wenn Ihnen eine Fehlentwicklung auffällt. Fragen Sie sie auch, ob es okay ist, wenn Sie zukünftig erst einmal mit ihr abstimmen, wie man das am besten kommuniziert, ohne dass Sie sich die kritisierten Kolleginnen und Kollegen zu Feinden machen. Ihre Chefin wird dieses Vorgehen schätzen, denn auch ihr ist nicht an solchen Konflikten gelegen und sie wird Ihnen bei der Umsetzung zur Seite stehen. Außerdem wird sie schätzen, dass Sie diese Dinge zukünftig vorab mit ihr abstimmen wollen, denn dann kann sie vorab prüfen, ob das aus ihrem Verantwortungsbereich kommt und ihr angelastet werden könnte. Sie geben ihr damit die Chance, den Vorgang in ihrem Sinne zu lenken.«

Die Resonanz der Chefin war offen und positiv, da sie sein proaktives Engagement, zukünftig eleganter zu kommunizieren, schätzte. Die Resonanz der betroffenen Kollegen war verhaltener, weil die Botschaft zwar gehört wurde, aber alle abwarten wollten, ob sich der Neue an seine Zusage hielt.

Grundsätzlich ist es eine schlechte Idee, Kritik im Meeting zu äußern, ohne dass man sich vorab mit den Betroffenen abgestimmt hat. Ein informelles Vorabgespräch zu führen ist klüger, denn es gibt dem Betroffenen die Möglichkeit zur Erklärung oder zur Korrektur. Die meisten im Business schätzen das und reagieren auf so eine »Vorwarnung« extrem positiv.

Umgekehrt, also völlig falsch, handhabte dies ein Kollege einst mit mir. Seine Kritik an meiner Personalentscheidung sandte er nicht nur mir per E-Mail, sondern er setzte die Dekanin, den Hochschulkanzler, die Präsidentin und den Staatsrat der Wissenschaftsbehörde mit ins CC, um meine Entscheidung zu torpedieren, die von einem Berufungsgremium mit mir zusammen beschlossen worden war. Da die Adressaten allesamt zu meinem Netzwerk gehörten, erntete sein Vorstoß nur Kopfschütteln und verpuffte wirkungslos. Denn ich hatte den Angriff des Kollegen geahnt und deswegen den Adressaten (außer dem Staatsrat, den ich nur entfernt kenne) im Vorfeld erklärt, warum diese Entscheidung so getroffen worden war.

Das Vorinformieren wichtiger Personen in Ihrer Firma bei kritischen Entscheidungen möchte ich Ihnen daher unbedingt ans Herz legen, denn es stimmt Ihr Umfeld auf einen möglichen Konflikt ein, der dann sofort an Dramatik verliert, weil er nicht überraschend kommt.

Wie dringend notwendig derartige Vorwarnungen sein können, belegen die Erlebnisse der Managerin im folgenden Fallbeispiel, die sich auf dem Weg in den Vorstand ihres internationalen Konzerns befand.

Die greifen mich als Frau an, weil ich aufsteige

»Warum ich Sie kontaktiere? Ich nenne es Unhöflichkeit mir als Frau gegenüber. Seitdem klar ist, dass ich direkt unter unsere Topebene aufsteige, hat sich das Klima im Unternehmen mir gegenüber verschlechtert. Selbstverständlichkeiten meines Handelns werden plötzlich negativ bewertet. So habe ich am Wochenende eine Präsentation im Homeoffice erstellt und es hieß: ›Ihr Zeitmanagement scheint nicht so toll zu sein‹ und ›Hoffentlich hat sie keine empfindlichen Unternehmensdaten mit nach Hause genommen‹. Plötzlich sehe ich wie ein Datenleck aus, was Quatsch ist, weil ich die Unternehmensvorgaben präzise beachte. Und am Wochenende die Woche vorbereiten? Das ist normal, oder? Das hat nichts mit mangelndem Zeitmanagement zu tun. Ich werde bewusst missinterpretiert, wie diese Beispiele zeigen. Gleichzeitig wird ein freundlicher Umgang mir gegenüber seltener. Das alles sind beunruhigende Anzeichen.«

[Analyse] »Das interpretieren Sie richtig, denn jetzt hat Ihre Ebene begriffen, dass Sie das Rennen Richtung Vorstand machen werden. Diejenigen, die ebenfalls diesen Karrieresprung angestrebt haben, finden das ärgerlich. Deshalb machen die Sie madig und versuchen, Sie in ein schlechtes Licht zu stellen, um zu belegen, dass Sie eine suboptimale Wahl wären. Das ist wichtig für Ihre männlichen Mitbewerber, denn die wissen, dass bei gleicher Qualifikation die Frau bevorzugt wird. Man muss Sie also schlechter machen, um die eigenen Chancen zu bewahren, damit Sie nicht weiter deren Karriere im Wege stehen. Daher kommen die atmosphärischen Störungen.«

[Empfehlung] »Die Entscheidung, Sie aufsteigen zu lassen, wurde auf der Vorstandsebene getroffen. Das heißt, diejenigen, die an Ihrer Reputation sägen, torpedieren damit einen Beschluss des Vorstands. Daher gehen Sie am besten zu Ihrem CEO, berichten von Ihrem Dilemma und bitten ihn, Sie zu beraten, wie Sie sich elegant in dieser Situation verhalten sollten. Handeln Sie dann entsprechend der Empfehlungen. Damit schlagen Sie zwei Fliegen mit einer Klappe: Sie signalisieren Ihrem CEO, dass Sie ihm in brenzligen Situationen vertrauen und auf seine Empfehlungen hören. Diesen Einfluss auf Sie wird er lieben, weil es erfolgreiche Männer lieben, wenn kluge Frauen sie um Rat fragen, dann fühlen sie sich noch bedeutender. Zudem wird er sich Ihre Kollegen merken, die gegen seinen Beschluss arbeiten und versuchen, Sie als schlechte Wahl hinzustellen. Das wird er nicht schätzen, sodass der Status Ihrer Kontrahenten ins Bodenlose sinken wird. Das ist ein ›Doppel-Wumms‹ für Sie, würde ein bekannter deutscher Politiker sagen.«

Das Großartige an den Macherinnen und Machern, die mir begegnen, ist, dass sie schnell umsetzen. Kluge Reden halten, das können viele, der Umsetzungsmut ist die Kunst und der verbindet die Menschen, mit denen ich es zu tun habe. Fünf Tage später sandte sie mir eine kurze E-Mail, in der nur ein Emoji zu sehen war: Daumen hoch. Erfolg braucht wenig Worte. Die Stimmungsmache gegen sie war beendet. Top!

So weit war der folgende Protagonist noch nicht. Er steckte in einem anderen Dilemma, denn seine ehemaligen Kolleginnen und Kollegen begegneten ihm nach seinem Aufstieg mit Skepsis, während sein Chef beklagte, dass er keine ausreichende professionelle Distanz zu seinem ehemaligen Team aufgebaut habe. Die einen fanden, er sei zu weit weg, der Chef beklagte das Gegenteil. Damit waren alle Zutaten auf dem Tisch, um zerrieben zu werden.

Plötzlich bin ich Chef des alten Teams und hadere mit der neuen Rolle

»Ich bin jetzt 33 Jahre alt, habe ein gutes Standing im Unternehmen und deswegen wird mein Team, das ich jetzt leiten darf, auf 17 Personen aufgestockt. Ich kenne sie alle schon lange, denn wir sind gemeinsam im Unternehmen gewachsen. Mein Chef hat mich die ganze Zeit gefördert und gefordert. Jetzt ist er aber mit meiner Performance als neuer Vorgesetzter unzufrieden. Ich sei zu langsam beim Ansprechen von kontroversen Themen. Ich würde mit Wattebällchen werfen, anstatt zeitnahe, klare, auch kritische Rückmeldungen zu geben. Ich würde anstehende unangenehme Entscheidungen in die Länge ziehen, anstatt sie zu treffen. Mit all dem hat er leider Recht und da muss ich jetzt ran!«

[Analyse] »Sie werden Ihre Rolle im Team neu definieren müssen. Sie fühlen sich noch als Gleicher unter Gleichen, aber alle Teammitglieder wissen, dass Sie das nicht mehr sind, denn als neuer Chef haben Sie die Entscheidungsmacht. Sie können Ihr Team wohlwollend oder kritisch beurteilen. Sie können Einzelne fördern oder feuern. Das heißt, dass auch Ihre Kolleginnen und Kollegen Sie ab jetzt anders, vor allem strategischer behandeln werden. Sätze wie ›Mir geht's heute schlecht, wir haben gestern Party gemacht und gesoffen‹ werden Sie in Zukunft nicht mehr zu hören bekommen. Diese Nähe ist vorbei. Man wird Sie jetzt mit Vorsicht genießen, weil niemand genau weiß, wie Sie Ihre neue Rolle ausfüllen werden. Früher waren Sie der helfende Service-Onkel, jetzt mutieren Sie vielleicht zum fordernden Antreiber. Darüber wollen sich Ihre alten Kolleginnen und Kollegen erst einmal ein Bild machen, denn zu häufig sind ehemals Nette nach ihrem Aufstieg zum unangenehmen Vorgesetzten mutiert.«

[Empfehlung] »Akzeptieren Sie, dass die alten vertrauten Kumpel-Zeiten mit Ihren ehemaligen gleichgestellten Kolleginnen und Kollegen vorbei sind. Akzeptieren Sie, dass Sie das Lager gewechselt haben und sich nicht mehr auf die alte Verbundenheit beziehen können. Sie haben Ihre Leute verlassen. Das Alte gilt für Sie nicht mehr und das neue Leben im Führungszirkel ist Ihnen noch nicht vertraut. Ihre erste Aufgabe wird es sein, diesen anomischen Zustand auszuhalten. Sind Sie dazu bereit?«

»Was bleibt mir übrig?«

»Nichts. Aber die Akzeptanz der neuen Rolle ist nur der erste Schritt, denn Sie müssen klipp und klar erklären, wofür Sie zukünftig stehen und was Sie an Leistungen von Ihrem alten Team erwarten. Sie müssen sagen, mit welchen Projekten die Reise weitergeht. Vor allem müssen Sie alle Mitglieder Ihres Teams in Einzelgesprächen fragen, ob sie bereit sind, diesen Weg mit Ihnen zu gehen oder ob sie sich neu orientieren möchten. Wenn Sie das hinbekommen, liegt Ihnen Ihr Chef zu Füßen und Sie wissen genau, woran Sie mit Ihren Teammitgliedern sind und wo Sie Veränderungen einzuleiten haben.«

»Da muss ich erst einmal schlucken.«

»Ja, tun Sie das. Ich bin überzeugt, Sie werden das sehr gut hinbekommen!«

Während der neue Teamleiter mit dem Misstrauen seiner ehemaligen Kolleginnen und Kollegen und den Forderungen seines Förderers hadert, wird die Frau im folgenden Beispiel frontal angegangen.

Hier wird gezielt Stimmung gegen mich gemacht

»In meinem Arbeitsbereich braut sich etwas gegen mich zusammen. Es entsteht eine kritische Stimmung, in der mein Handeln wie unter einer Lupe beäugt wird, und jeder Krümel, der dabei entdeckt wird,

wird gegen mich verwendet. Ich bin ratlos, denn ich habe mein Verhalten aus meiner Sicht überhaupt nicht verändert.«

»Welche Stimmung gibt es denn und sind auch Gerüchte im Umlauf?«

»Ich bin in diesem Monat zweimal auf meinen Kinderwunsch angesprochen worden, von dem ich gar nichts weiß. Kolleginnen wollten wissen, wie ich den Nachwuchs zukünftig mit der möglichen neuen Position vereinbaren wolle.«

»Interessant. Welche neue Position wäre das denn?«

»Zwei Arbeitseinheiten werden wegen der Synergien verschmelzen und ich bin im Gespräch, diesen neuen Gesamtbereich zu leiten.«

[Analyse] »Gratulation, damit befinden Sie sich in einer Wettbewerbssituation, die Ihnen einen einflussreichen und lukrativen Karriereschritt ermöglicht. Daher bringen sich Ihre Mitbewerberinnen und Mitbewerber in Stellung und diskreditieren Ihre Leistungsfähigkeit als potenzielle Mama. Dieses ›Sei keine Rabenmutter‹-Spiel ist uralt. Heute ist es zwar untersagt, Frauen gegenüber so zu agieren, aber in der Wettbewerbsrealität findet es trotzdem immer wieder statt.«

[Empfehlung] »Dementieren Sie das Gerücht vehement – egal ob Sie eine Familie planen oder nicht – in dem Personenkreis, der über Ihren Aufstieg entscheidet. Empören Sie sich dort über dieses frauenfeindliche Gerede aus dem letzten Jahrhundert und bitten Sie, dass im Unternehmen darauf hingewiesen wird, dass derartige Attacken wie ein Bumerang auf die Gerüchteköche zurückfallen werden. Wird das von den Entscheidern umgesetzt, wird das Gerede über Sie von einer Woche auf die nächste verstummen. Daher sollten Sie als Erstes die Entscheidergruppe identifizieren und dann Ihr Einzelgespräch mit jeder dieser Personen wiederholt einüben, in welchem Sie um Unterstützung gegen die Angriffe bitten. Durch das mehrfache Üben fühlen Sie sich bei Ihren ›Beschwerde‹-Auftritten sicherer und werden mit Erfolg belohnt, denn die Entscheider würden selbst ins Visier geraten, wenn sie so eine ›Schwangerschafts-Stigmatisierung‹ stillschweigend dulden würden. Da mutieren sie lieber zu weißen Rittern, die die bedrohte Frau retten. Kurz: Sie haben gute Karten, dieses Machtspiel zu gewinnen!«

Dass es Männern genauso ergehen kann, zeigen die Vorwürfe, die der Betroffene im nächsten Fall zu hören bekam. Diese wurden nicht vehement vorgetragen, sondern immer wieder in homöopathischen Dosen eingestreut, sodass ein negativer Gesamteindruck hängen blieb.

Die Störgeräusche häufen sich gegen mich

»Die Sidelines tauchen immer wieder auf, nichts Großes, aber es nervt, denn immer wieder wird behauptet, ich würde dieses nicht hinbekommen oder jenes zu langsam machen. Alles Kleinkram, und weil es nur um Kleinkram geht, habe ich diese Störgeräusche längere Zeit ignoriert. Aber sie sammeln sich an und werden auch nicht leiser. Ganz im Gegenteil. Wenn das so weitergeht, wird das Gerede früher oder später von meinem kollegialen Umfeld geglaubt, und das wird im Unternehmen ein schlechtes Bild auf mich werfen.«

[Analyse] »Es ist überfällig, dass Sie die Störgeräusche ernst nehmen. Denn es gilt die Business-Regel: Sie müssen auf Kleinigkeiten schnell reagieren, damit Großes erst gar nicht geschieht. Und es ist kein Zufall, dass diese Misstöne gerade jetzt vermehrt auftauchen, wo im Gespräch ist, Ihre Stelle im Konzern zu entfristen.«

[Empfehlung] »Ihre Situation kenne ich aus eigener Erfahrung, denn über mich kursierte an unserer Fakultät vor Jahren das Gerücht, ich würde meine Vorlesungen schwänzen, um lukrativere Wirtschaftsvorträge anzunehmen. Dieses Gerücht kam auf, nachdem über meine Beratungs- und Vortragserfolge die ersten größeren Presseartikel erschienen. Neid? Missgunst? Ich weiß es bis heute nicht. Ich wusste nur, dass ich schnell gegensteuern musste, denn würde meine Dekanin dieses Gerücht am Ende glauben, wäre meine Nebentätigkeitsgenehmigung gefährdet, und ohne die müsste ich meine Managementfirma schließen. Ich berichtete meiner Chefin von den unbegründeten Vorwürfen und konnte die Situation retten. Die Gerüchte verstummten, nachdem sie kommuniziert hatte, dass an den Vorwürfen gegen mich nichts dran sei. Klasse Chefin!

Genauso werden Sie jetzt auch in Ihrem Fall vorgehen. Suchen Sie sich Unterstützung bei der Personalleitung und Ihrem Chef. Bitten Sie um Empfehlungen, wie Sie mit diesen haltlosen Vorwürfen umgehen sollen. Dabei ist völlig egal, was Ihnen empfohlen wird. Wichtig ist, dass Ihre Leitung von der Haltlosigkeit der Vorwürfe gegen Sie überzeugt ist. Dafür müssen Sie nur seriös Ihre Arbeitsleistung und Ihr Arbeitstempo belegen. Ihre Rettung ist also kein Hexenwerk.«

Dieses Netzwerkprinzip ist auch bei Mobbing-Gefahr anzuwenden.

Das fühlt sich an wie der Vorläufer vom Mobbing

»Wie soll ich reagieren, wenn der Umgang mit mir in Richtung Mobbing geht?«, fragte eine Bereichsleiterin, die für höhere Positionen im Unternehmen gehandelt wurde. »Das Gezerre und Gehetze über mich zieht sich über Wochen hin. Die Kolleginnen und Kollegen fangen langsam an, den Unfug zu glauben.«

[Analyse] »Mobber sind im Marathon-Modus. Die haben einen langen Atem und sind motiviert, Ihnen über Wochen und Monate zu schaden, bis Sie am Boden liegen. Die fühlen sich wohl, aus der Anonymität gegen Sie zu kämpfen, weil Sie bei der Gegenwehr im Nebel stochern, während die Mobber Ihr Ziel, nämlich Sie, klar vor Augen sehen. Die Motivation der Mobber und Mobberinnen liegt im Wunsch, Ihnen nachhaltig zu schaden und es zu genießen, wenn Sie beruflich verzweifeln und aus Sorge unter Schlafstörungen leiden. Es sind sadistische Menschen, die sich an der Furcht ihrer Opfer erfreuen.«

[Empfehlung] »Die Analyse macht deutlich, dass Sie einem ernsten Angriff ausgesetzt sind, dessen Lösung Sie jetzt Zeit und Priorität widmen müssen. Sich dem Mobbing ›nebenbei‹ zu widmen, wird nicht ausreichen. Daher sollten Sie schnell reagieren, denn je mehr Zeit Sie sich mit Ihrer Gegenwehr lassen, desto mehr erhöht sich die Glaubwürdigkeit der Gerüchte. Das ist wie in der Werbung: Je häufiger und überzeugender man sie hört, desto eher glaubt man den Blödsinn. Der zweite wichtige Aspekt: Reagieren Sie nicht alleine, wenn Sie unter Mobbingbeschuss geraten. Suchen Sie sich – kriminologisch gesprochen – eine Gang. Bitten Sie um Support bei statushohen Kolleginnen und Kollegen, mit denen Sie gut vernetzt sind. Analysieren Sie gemeinsam, von wem das Gerede kommen könnte. Fragen Sie sich, wem Ihr Absturz nutzt. Den oder die Täter zu identifizieren, kann misslingen, denn Mobber wissen sich zu tarnen. Daher ist ihre Identifikation nicht der wichtigste Punkt. Stimmen Sie vielmehr gemeinsam ab, wie man dem Gerede über Sie Einhalt gebieten könnte. Sowie die Mobber erkennen, dass sie ihr zerstörerisches Ziel nicht erreichen, weil sie es mit einer konzertierten Gegenwehr zu tun haben, werden sie zurückhaltender oder hören auf, weil die Wahrscheinlichkeit steigt, geoutet zu werden, weil immer mehr Kolleginnen und Kollegen die Angriffe in den Fokus nehmen. Mobber wissen, dass das zur Kündigung führen kann – und so einen Rausschmiss wollen sie nicht erleiden. Mobber sind Kosten-Nutzen-Analytiker und ihre potenziellen Kosten gilt es hochzutreiben.«

Es gab in der Folge ein informelles Statement der Leitung, dass man über die Angriffe auf die Kollegin entsetzt sei und es für die Angreifer Konsequenzen hageln werde, wenn man sie dinghaft machen sollte. Bis heute sind die Mobber unbekannt, doch die fiesen Angriffe verstummten sofort.

Der will mit mir abrechnen und mich ruinieren

In diesem Fall war der Angreifer bekannt, was ihn aber nicht daran hinderte, eine Frau fertigmachen zu wollen. Sie steckte in einer wirtschaftlich und emotional extremen Situation, denn derjenige, der sie ruinieren wollte, war nicht nur Anteilseigner ihrer Firma, sondern auch ihr ehemaliger Ehemann.

[Analyse] »Das Hoffnungsvolle an dieser schwierigen Situation ist, dass Ihnen die Mehrheiten gehören und die Fima auf Ihrem Know-how basiert. Das ist einerseits gut, macht Ihren Ex-Mann andererseits aber noch gefährlicher, denn bei ihm geht es um alles. Er muss das Maximale aus der Trennung herauspressen, ohne Rücksicht auf Ihre Verluste, denn er weiß, dass er etwas Gleichwertiges nicht neu aufbauen kann. Er sieht seine bisherige luxuriöse Existenz mit teurem Firmenwagen, Fünf-Sterne-Hotels und einem Lifestyle der Reichen gefährdet, denn das Ganze basiert ausschließlich auf Ihren Leistungen. Und es geht um Kränkungen, Eitelkeiten und vermutlich auch um Rache. Ein übler Cocktail!«

[Empfehlung] »Diese Gemengelage wird zu einer regelmäßigen nervtötenden Kommunikation führen, weil er versuchen muss, Sie mürbe zu machen, damit Sie ihm aus Verzweiflung geben, was er will, nur um endlich Ruhe zu haben. Führen Sie die konflikthaften Gespräche mit ihm, bei denen immer große Emotionen absehbar sind, nie ohne einen befreundeten Zeugen oder – noch besser – einen Anwalt. Sonst haben Sie niemanden, der Ihre Gesprächsversion im Nachhinein bestätigen kann, sollte es zu Streitigkeiten kommen – und die sind garantiert! Wenn Sie ein Gespräch alleine führen, weil Sie es einfach hinter sich bringen wollen und niemand Geeignetes zur Hand ist, ist das menschlich verständlich, aber unprofessionell. Sie schwächen damit Ihre Position, denn Sie könnten von Ihrem Ex-Mann falsch und reputationsschädigend zitiert werden. Eine einfache Lüge, die er Ihnen unterjubelt, reicht, wie der Rabenmutter-Satz: »Ich hasse unseren Sohn und werde ihn ins Internat abschieben.« Sie können zwar seine Unterstellung dementieren, aber nichts widerlegen, weil Aussage gegen Aussage steht. Stimmen Sie Gesprächen daher nur an einem neutralen Ort zu und nur wenn die Rahmenbedingungen stimmen, auch wenn das bedeutet, ein paar Tage warten zu müssen und vor Unruhe schlecht zu schlafen. Geduldige Vorbereitung generiert Ihren Erfolg, nicht Geschwindigkeit! Akzeptieren Sie, dass sich die Auseinandersetzungen mit ihm lange hinziehen werden, und signalisieren Sie ihm, dass sie das kein bisschen stört, denn solange es sich hinzieht, fließt kein Geld in seine Taschen. Beeindrucken sie ihn mit einem Scheidungs- und einem Wirtschaftsanwalt, die in Ihrer Branche berüchtigt sind, und signalisieren Sie ihm, dass Sie gegen seine Forderungen mit diesen Profis durch alle Instanzen klagen werden, sodass sich alles über Jahre hinziehen wird, in denen er schon einmal üben kann, bescheidener zu leben. Kurz gesagt: Sie bieten nicht 20 Prozent Peperoni-Schärfe, sondern 100 Prozent extra hot!«

»Also kein Rumlavieren mehr, sondern Frontalangriff!«

»Ja, genau. Ihr Ex-Mann ist Ihr heutiger Gegner – höflich formuliert! Volle Breitseite!«

Manchmal sind es aber auch die eigenen Anteile, die zu Spannungen führen.

Ich werde in der Gerüchteküche verbrannt

»Ich stehe unter Druck. Hier wird Stimmung gegen mich gemacht. Ich sei auf meinen Vorteil bedacht, nicht der Fleißigste, würde zu flapsig mit Kolleginnen sprechen und hätte meinen Urlaub vor dem Abschluss des Umstrukturierungsprozesses angetreten. Ja, ich war im Urlaub, weil ich mit meinen drei Kindern auf die Schulferien angewiesen bin. Ich bin nicht flapsig, sondern gut gelaunt und humorvoll, was unserem Arbeitsklima guttut, und faul bin ich schon gar nicht, sondern ich agiere am Leistungslimit. Ich weiß nicht, wer so etwas streut und warum! Ich dementiere alles fleißig, gerate aber trotzdem in die Defensive, weil die Vorwürfe immer wieder auftauchen und dadurch glaubwürdiger werden, nach dem Motto: Da wird schon etwas dran sein!«

[Analyse] »Alleine kommen Sie nicht aus dieser brodelnden Gerüchteküche heraus. Da scheinen engagierte Menschen am Werk zu sein, die Ihnen schaden wollen. Einfluss scheinen die auch zu haben, denn die Vorwürfe gegen Sie werden im Kollegenkreis aufgegriffen und nicht als absurd abgetan. Das ist ein klares Signal dafür, dass Sie in Gefahr sind!«

[Empfehlung] »Denken Sie als Erstes über mögliche Auslöser nach, die zu diesem Bashing geführt haben könnten: Steht bei Ihnen eine Beförderung an? Haben Sie jemanden gekränkt? Haben Sie jemandes Arbeit in letzter Zeit als bedeutungslos abgetan oder Mitglieder des Führungsgremiums kritisiert, weil Sie so schlau sind und alles besser wissen?«

»Das ist mir unangenehm, aber das kann ich alles bejahen, vor allem die kritischen Anmerkungen über Projekte der anderen. Das ist Teil meines Controlling-Jobs und weil ich den gut mache, wurde mir vor Kurzem ein Aufstieg in Aussicht gestellt.«

»Um dann noch einflussreicher und kritikverliebter zu werden? Kein Wunder, dass diese Aussicht vielen missfällt. Wenn Sie die Gerüchteküche schließen wollen, dann sollten Sie allen mitteilen, dass Sie es in der Vergangenheit manchmal übertrieben haben und dass Sie zukünftig einen entspannteren Umgangsstil pflegen wollen. Fragen Sie die anderen, wie Sie zukünftig Ihre notwendige Kritik, die Ihrer Controlling-Rolle entspringt, konstruktiver anbringen können, und folgen Sie den Wünschen der Befragten. Kurz: Machen Sie sich kleiner, harmloser und netter, als Sie eigentlich sind. Wenn Sie das umsetzen, werden viele Sie immer noch nicht mögen, aber – und das ist der entscheidende Unterschied – sie werden nicht mehr gegen Sie agieren! Bekommen Sie das hin?«

»Das fühlt sich komisch an.«

»Das macht nichts. Sprechen Sie parallel dazu mit Ihren Chefs und sagen ihnen, dass Ihnen wegen Ihrer notwendigen Kritik derzeit der Wind ins Gesicht bläst. Bitten Sie um Rückendeckung, weil es das Unternehmen nicht weiterbringt, wenn Sie Kritikwürdiges verschweigen würden. Bekommen Sie die Rückendeckung, dann sind Sie *safe* und können Ihr neues Versprechen, konstruktiver zu agieren, bei Ihren Mitarbeiterinnen und Mitarbeitern in Ruhe umsetzen. Schlafen Sie zwei Nächte über diesen Plan und wenn er sich für Sie richtig anfühlt, dann legen Sie los.«

Kein Mensch will Kolleginnen und Kollegen in höhere Positionen wachsen sehen, die schon in kleiner Position einem das Leben schwer gemacht und ständig herumkritisiert haben. Deswegen erfahren solche Kritiker Gegenwind. Dauerkritik ohne Lobkultur und Augenmaß ist ein Stimmungs- und Karrierekiller!

Loslegen will auch die nächste Protagonistin, nur sie weiß nicht so recht, wie sie es anstellen soll.

Ich beziehe Prügel, trotz guter Vorschläge

»Können Sie mir erklären, warum ich im Kollegenkreis immer wieder Prügel beziehe? Natürlich nur im übertragenen Sinn. Dabei sind meine Optimierungsempfehlungen richtig gut. Man müsste sie nur umsetzen. Stattdessen werden meine Beiträge so lange diskutiert, bis nur noch eine verwässerte Version übrig bleibt, die dann tatsächlich das Papier nicht wert ist, auf dem sie steht. Am Ende sieht es so aus, als hätte ich Unfug vorgeschlagen.«

[Analyse] »Sie sind erstklassig ausgebildet. Vor allem Ihr Shanghai-Aufenthalt, Ihre Mehrsprachigkeit und der Award beim Südafrika-Kongress, den Sie gewonnen haben, stechen heraus. Das alles mit Anfang 30. Da ziehe ich meinen Hut! Noch weitere zwei Jahre und Sie werden auf der Karriereüberholspur im Unternehmen beschleunigen, zumal es dort nur wenige Frauen mit Ihrem Potenzial gibt. Jeder erkennt das – auch Ihre Hausspitze, die Sie immer engagierter fördern wird.

Ihre Expertise ist sehr gut für Sie und das Unternehmen. Sehr schlecht ist, dass Ihre potenziellen Mitbewerber das auch antizipieren. Deswegen behandeln die Sie zum Teil schroff und abweisend oder deuten etwaige Fehler bei Ihnen an, ohne diese zu belegen. Die wollen Sie schlecht aussehen lassen und hoffen, dass irgendetwas Negatives an Ihnen hängen bleibt und Sie deswegen am Ende nicht das Rennen machen werden, wenn es um lukrative Positionen geht.«

»Das ist doch irre, zumal von HR bei uns ständig das Ziel von Empathie und Warmherzigkeit im Unternehmen ausgegeben wird!«

[Empfehlung] »Das Ziel stimmt, nur die Umsetzung misslingt, wenn es um Geld und Karriere geht. Da legen die meisten eine Warmherzigkeitspause ein, um Vorteile zu generieren. Führen Sie daher mit Ihren Vorgesetzten und Förderern ein proaktives ›Präventions-Vorgespräch‹. Benennen Sie die problematischen Interaktionen und weisen Sie darauf hin, dass in nächster Zeit Negatives über Sie als Gerücht auftauchen könnte. Bitten Sie die Leitungsgruppe, etwaige Gerüchte nicht für bare Münze zu nehmen und Sie zu kontaktieren, wenn ihnen etwas zu Ohren kommen sollte, um das Gerücht dann gemeinsam auszuräumen. Gerüchte, die nach so einer Ankündigung zeitverzögert aufpoppen, verlieren ihre Wirkung, weil sie wegen Ihrer Vorwarnung mit Skepsis betrachtet werden. Ohne Vorwarnung regen Gerüchte die Fantasie an, und das schadet Ihnen!«

Ich jongliere Komplexes und bekomme krasse Kritik für Kleinkram

»Ich mache unglaublich viel im Unternehmen. Ich jongliere komplexe Projekte und bin immer mal wieder der Retter in der Not. Aber wenn mir dann etwas misslingt, ist der Aufschrei groß und ich bekomme Kritik von viele Seiten. Angesichts meines Einsatzes empfinde ich das hochgradig ungerecht.«

[Analyse] »Die mangelnde Fehlerkultur in Deutschland erlaubt kaum Fehltritte. Es wird leider nicht gesagt: ›Der hat viel versucht, viel ausprobiert, der war innovativ, der ist mutig, aber es hat noch nicht geklappt‹, sondern es heißt nur: ›Bei dem klappt's nicht, vielleicht haben wir sein Potenzial doch überschätzt!‹ Wer hierzulande beruflich hundert Aufgaben seriös abarbeitet, hat alles richtig gemacht, bekommt aber kein Lob, weil eine seriöse Aufgabenerfüllung als nichts Besonderes angesehen wird und daher nicht lobenswert erscheint. Man hat einfach die Erwartungen erfüllt.

Ganz anders sieht es bei Fehlern aus. Wer trotz hundert Erfolgen zwei Sachen falsch umgesetzt oder entschieden hat, so wie Sie, bekommt kritische Rückmeldungen, warum er die Fehlentwicklung nicht schon früher erkannt und gegengesteuert habe. Viele sind Spezialistinnen und Spezialisten darin, im Nachhinein zu erklären, wie man alles hätte besser machen können. *Im Nachhinein!* Das ist kein Kunststück, sondern eine billige Argumentation, denn niemand hat die Besserwisser daran gehindert, diese Fehlentwicklungen selbst frühzeitig zu korrigieren. Das hindert die Besserwisser jedoch nicht daran, große Optimierungsreden zu schwingen oder ein Sonder-Meeting am Freitagnachmittag zu beantragen, das Ihnen das Wochenende verhageln wird. Die Kritik nutzen die Kritiker und Kritikerinnen zur geistigen ›Selbstbefriedigung‹ auf Kosten ihrer gescheiterten Kolleginnen und Kollegen.«

[Empfehlung] »Um sich diese Kritikrituale nicht zu Herzen zu nehmen, sollten Sie Ihre Haut mit einer Teflonschicht versiegeln. Sie ist im Business eine gute Sache, weil an ihr ungerechtfertigte Angriffe abperlen und Sie somit weder Zeit noch Nerven kosten. Das hindert Sie nicht daran, Strategien zu entwickeln, um diese Fehler zukünftig zu vermeiden, aber es bewahrt Sie davor, sich dabei mit Selbstzweifeln zu quälen. Ohne Fehler kein Fortschritt. *Trial and Error* impliziert die Fehlererfahrung. Kritiker sind dagegen häufig feige Menschen, die sich nichts zutrauen, aber bei Fehlern von anderen zur Höchstform auflaufen. Ich höre mir ihr Gerede höflich an und lasse es mir am A… vorbeigehen, denn wer mich kritisiert, hat nur die Schönheit meines Handelns noch nicht erkannt. Herrlich, oder?

Am schönsten ist es natürlich, wenn Sie keine solche Schutzweste tragen müssen, weil Sie ein harmonisches Team leiten, Ihr Umfeld freundlich und offen für Ihre Anregungen ist, Ihre Vorgesetzten empathisch sind, keine unruhestiftenden Umstrukturierungen ins Haus stehen und bei Personalentscheidungen Konkurrenzsituationen vermieden werden. Herrlich ist es, wenn Ihr Unternehmen auch noch hohe Umsätze macht, Ihre Kunden pünktlich zahlen und Ihre Mitbewerber rücksichtsvoll agieren. Wenn Sie in solch einer Geschäftswelt leben, dann können Sie die Teflonschicht und die Peperoni-Strategie vergessen und meinen Neid auf ihr traumhaftes Berufsleben genießen.«

Ich bin zögerlich bei unangenehmen Pflichten

»Unser Vorstand schätzt meine Fachlichkeit, aber er kritisiert meine Zögerlichkeit, wenn es um die Abarbeitung unangenehmer Pflichten geht. Zum Beispiel belastet mich das schwierige Personalgespräch, das ich zu führen habe und das sogar in eine Trennung münden könnte.

Deswegen schiebe ich es vor mir her oder kommuniziere mit dem Betroffenen so defensiv, dass er gar nicht bemerkt, wie ernst es um ihn steht. Ich hoffe immer, die Zeit löst die Situation, sodass das Gespräch überflüssig wird – aber das passiert nicht. Deswegen soll ich zu Ihnen.«

[Analyse] »Das klingt wie der Gang nach Canossa, wie eine weitere unfreiwillige Pflicht, wie der Bußgang, den auch der römisch-deutsche König Heinrich IV. zu Papst Gregor VII. absolvieren musste, wobei Sie der König sind und ich der Papst.«

»Ja, wie einen Bußgang empfinde ich auch den Weg zu Ihnen, denn es war ja die Idee unseres Vorstands, nicht meine …«

»Das verstehe ich, aber denken Sie bitte einmal andersherum: Ihr Vorstand investiert in Sie – zwar nicht in päpstliche, aber immerhin in eine professorale Beratung, weil er an Sie glaubt und weil er in Ihnen einen wichtigen Teil seiner Firmenzukunft sieht.«

[Empfehlung] »Wir bereiten als ersten Schritt das anstehende unangenehme Personalgespräch für Sie so vor, dass Sie dem sogar mit Freude entgegensehen, weil Sie wissen, wie Sie es angemessen führen können. Sie werden dem Betroffenen nämlich in dem Gespräch keine Vorhaltungen machen oder ihn abmahnen, sondern ihm höflich sagen, dass zwei Punkte schwierig laufen und er Ihnen bis kommende Woche Lösungsvorschläge unterbereiten soll, die Sie dann gemeinsam mit ihm abstimmen werden. Sie spielen das Elend in sein Feld zurück. Erst wenn er nichts liefert, werden Sie ihn auf negative Konsequenzen hinweisen, wiederum in Abstimmung mit Ihrem Chef. So ruht die Verantwortung nicht allein auf Ihren Schultern, sondern Sie geben sie an den Betroffenen zurück. Wenn Sie so handeln, bleibt Ihnen die Erfahrung des Institutsleiters erspart, der ein unangenehmes Personalgespräch aus alter Freundschaft so lange aufschob, bis sich die Beschwerden häuften und die ersten Regressforderungen von Kunden wegen mangelnder Leistung bei ihm aufliefen. Da war das Kind wegen seines Zögerns schon in den Brunnen gefallen und die Schadensbegrenzung kam ihn teuer zu stehen. Das alles antizipiert Ihr Vorstand und das will er vermeiden, indem er Ihren Turbo zündet. Ein kluger Schritt, oder?«

Er stimmte zu, doch seine anfängliche Skepsis blieb, weil er spürte, dass ihn sein Chef – wenn auch gut gemeint – zu seinem beruflichen Glück zwingen wollte. Kein Wunder – bei seiner Zögerlichkeit! Unangenehme Pflichten aufzuschieben, ist ein Fehlverhalten und ein No-Go für Führungskräfte.

Unangenehme Kolleginnen oder Kollegen an den Rand zu drängen, ist aber manchmal notwendig und ein ganz anderes Kaliber.

Dieser Verwaltungsextremist geht mir auf den Geist!

»Meine moralische Frage lautet: Ist es angemessen, wenn ich diese Knalltüte ausgrenze?«

»Welche Knalltüte? Wen meinen Sie damit?«

»Er ist in meinem Bereich auf meiner Ebene und bremst ständig Prozesse aus – nicht nur diejenigen, die ich anschiebe. Er hat fachlich keine besondere Expertise, aber er ist ein profunder Kenner der Vorschriften. Ständig lässt er alles Mögliche prüfen. Mich interessiert dagegen primär die Frage: Wie erreichen wir unser Ziel? Natürlich im Rahmen der rechtsstaatlichen und firmeninternen Vorgaben. Doch ihn interessiert nur, ob eine hundertprozentig abgesicherte Planung vorliegt – und beim leisesten Hauch von Zweifeln setzt er alle Hebel in Bewegung, um das Ganze bis zur Klärung zu stoppen. Er schafft es, aus jeder guten Initiative einen hochkomplexen Verwaltungsakt zu machen, der alles Innovative erstickt – und die Vorschriften sind dabei auf seiner Seite. Er ist der Tod jeder Innovation. Das nenne ich eine Knalltüte!«

[Analyse] »Ich verstehe. Diese Spezies ist in Deutschland verbreitet. Sie fragten eingangs, was ich von seiner Ausgrenzung halte und ob diese ein moralisches Problem für mich darstellen würde. Das wäre nur dann der Fall, wenn Ihre Reaktion auf die Knalltüte Mobbing oder Bossing wäre. Wenn Sie ihn aber im Einfluss so weit reduzieren, dass seine Verwaltungsfinessen nicht mehr zum Ausbremsen von Projekten führen, dann bin ich bei Ihnen.«

[Empfehlung] »Ihr Ziel muss sein, dass seine Bedenken zu keinem Umsetzungs-Stopp mehr führen. Parallel wäre es optimal, diesem Verwaltungsextremisten eine neue Aufgabe zukommen zu lassen, eine, die ihn aus Ihrem Dunstfeld herauskatapultiert und mit der er glücklich ist. Sie wären ihn los und er könnte sich woanders verausgaben. Zum Beispiel könnten Sie Ihren Chefs empfehlen, ihn zum Leiter der neuen ›Zukunftswerkstatt Digitale Verwaltung 2030‹ zu machen. Deren Ergebnisse könnte er später an den Vorstand berichten, der das Ganze in einen Fachkongress münden lässt, den Ihr nerviger Verwaltungsexperte organisiert, inklusive seiner Auftritte vor der Fachöffentlichkeit und der Presse, vielleicht sogar zusammen mit dem CEO. Wenn mehrere wichtige Kollegen oder der CEO der Knalltüte sagen: ›Dafür bist du unser bester Mann!‹, wird er anbeißen und Sie können ihm mit gutem Gewissen zum Abschied zuwinken. Herrlich, oder? Ihr CEO macht so den Weg für eine schnellere Umsetzung Ihrer Innovationen frei und kann gleichzeitig mit der Zukunftswerkstatt intern und extern glänzen. Diese Win-win-Idee wird ihm zusagen!«

»Digitale Verwaltung 2030? Darauf muss man auch erst einmal kommen. Das macht Spaß mit Ihnen!«

»Danke!«

Ich erwarte Bevorzugung wegen meiner Mehrleistung!

»Was meine Forderung ist, fragen Sie? Ich will mehr Geld, weil ich mehr leiste. Ich bin der Mann für die Kundenbindung. Zwei unserer dicksten Fische habe ich bei meinem Wechsel hergebracht. Und wenn es die Jahresausschüttung gibt, dann will ich den Löwenanteil, weil ich ihn verdiene! Ich habe das Geld auch schon einkalkuliert.«

»Sie haben das Geld noch nicht, haben es aber schon einkalkuliert oder sogar ausgegeben?«

»Ja, einiges davon habe ich schon ausgegeben. Ich wäre schon etwas unter Druck, wenn die Ausschüttung nicht umfänglich fließen würde.«

[Analyse] »Sich selbst durch Mehrausgaben unter Druck zu setzen, ist kein kluger Plan, aber jetzt verstehe ich das Dilemma in Ihrer Führungscrew, denn die anderen drei Mitglieder haben denselben Status wie Sie und halten Anteile in gleicher Höhe am Unternehmen wie Sie. Ein ›Recht auf mehr‹ haben Sie also nicht. Das ist Ihnen klar, oder?«

»Recht hin oder her. Ich bin die Cashcow, die die Kunden geangelt hat. Diese besondere Leistung muss honoriert werden, denn ohne mich wäre deutlich weniger Geld ins Unternehmen geflossen.«

»Ist das Ihr Ernst? Sie decken doch nur den Kundenbereich ab und das machen Sie sehr gut. Aber die anderen liefern doch auch! Ohne die herausragenden IT-Produkte würden Ihre Künste ins Leere laufen. Ohne Marketing wüsste niemand von Ihrer Existenz und ohne HR hätten Sie nicht die Topleute, deren Expertise die Basis des Gesamterfolgs ist. Durch dieses Zusammenspiel kann das Unternehmen beeindruckende Ausschüttungen an Sie und die anderen Miteigentümer zahlen. Es gilt dabei eine Maxime, die Sie ignorieren, und die lautet: ›Das Team ist stärker als ein Solokünstler!‹ Wenn Sie jetzt Ihren Löwenanteil durchboxen, weil Sie zweifelsfrei ein klasse Mann sind, schwächen Sie das gesamte Leitungsteam. Sie fördern damit kurz- und mittelfristig Dissonanzen, denn die Mehrausschüttung an Sie führt automatisch zu Minderausschüttungen an die anderen, die damit zu Ihren Zuarbeitern degradiert werden. Damit leiten Sie zukünftige Misserfolge ein, weil die anderen darüber frustriert sein werden. Werden Sie nächstes Jahr dafür die Verantwortung übernehmen, dass die absehbare Missstimmung zu absehbaren Verschlechterungen im Ergebnis führen wird? Werden Sie dann auf Ihren Ausschüttungsanteil verzichten, weil Sie den Niedergang mitzuverantworten haben? Erkennen Sie, dass Ihr Löwenanspruch zum Pyrrhus-Sieg werden kann, der am Ende allen schadet? Auch Ihnen.«

[Empfehlung] »Sie müssen kurzfristig lernen, auf der Metaebene zu denken. Oder dominieren die Dollarscheine vor Ihren Augen alles? Ihre falsche Strategie führt dazu, kurzfristig materiell gut auszusehen, aber es langfristig in den Sand zu setzen. Zumal Sie sich selbst unter Verhandlungsdruck gesetzt haben, weil Sie schon Teile des Geldes ausgegeben haben, das Ihnen nicht zusteht. Das ist richtig dumm!

Wenn Sie das jetzt in finanzielle Schwierigkeiten bringt, empfehle ich, gemeinsam mit Ihrem CEO über eine einmalige Hilfe nachdenken, indem etwa eine zukünftige Ausschüttung für Sie vorgezogen wird. Wir sind ja hier nicht bei armen Leuten. Aber unsere und Ihre Strategie muss es langfristig sein, dieses Hochbegabtenteam zusammenzuhalten, das die Beiträge aller zum Gesamterfolg wertschätzt. Diesen Erfolg werden Sie als Team jährlich wiederholen können und sich daran dumm und dämlich verdienen. Oder Sie gefährden diesen Unternehmens-Flow durch Ihre Ego-Shooter-Forderung. Denken Sie darüber nach und kommen Sie zum richtigen Ergebnis.«

Das tat er und bat am nächsten Montag um eine Überbrückungshilfe wegen seiner vorschnellen Ausgaben und gelobte für die Zukunft Besserung. Einer für alle, alle für einen. Er mutierte ein bisschen zu D'Artagnan, Alexandre Dumas wäre stolz auf ihn gewesen. Er hatte erkannt, dass er sich ändern musste, und die vorgezogene Finanzspritze hatte ihm geholfen, weich zu landen. Vielleicht hilft ihm für seine Zukunft die Erkenntnis, wer jeden Monat etwas weniger ausgibt, als er einnimmt, wird am Ende seines Berufslebens mindestens wohlhabend sein, vielleicht sogar reich. Eigentlich idiotensicher.

Überzogene, glasklar vorgetragene Forderungen führen zu Irritationen und Spannungen, zu unklare Aussagen stiften auch Verwirrung.

Die Jungs verstehen mich nicht. Spreche ich chinesisch?

»Spreche ich chinesisch?«, fragte die HR-Business-Partnerin, die für ein Touristikunternehmen tätig war und deren Team nur aus Männern bestand. »Meine Jungs verstehen mich akustisch, aber sie verstehen mich nicht inhaltlich. Es ist wie mit dem Mars und der Venus: Irgendwie geht es nicht richtig zusammen.«

[Analyse] »Männern fällt es nicht leicht, Frauen im Privaten und Beruflichen zu verstehen. Dieses Phänomen füllt in der Ratgeberliteratur Bücherwände und in Frauenzeitschriften Tausende von Seiten.

Ein zentraler Stolperstein ist dabei die fehlende Klarheit der Kommunikation, die einen interpretativen Spielraum offenlässt und dadurch Verwirrung stiftet. In Ihrem Fall kann Ihr berufliches Umfeld Sie und Ihre Aussagen nicht richtig einordnen. ›Bevor ich bei ihr etwas falsch mache, bleibe ich lieber in Deckung und mache gar nichts‹, so die Logik Ihres Männerteams.«

[Empfehlung] »Führen Sie mit Ihren wichtigsten Männern ein Gespräch, in dem Sie erklären, wie Sie denken und handeln und was Ihnen persönlich in der Kommunikation sowie im Umgang miteinander wichtig ist. Überlegen Sie sich Ihre fünf ›Big Points‹ und sagen Sie Ihren Leuten: ›Wenn ihr diese fünf Punkte in der Kommunikation mit mir beachtet, dann bin ich happy und alles läuft wie geschmiert. Ignoriert ihr diese Punkte, die mir wichtig sind, haben wir Konflikte.‹ Nach dieser Positionierung wissen alle, woran sie bei ihrer Chefin sind. 90 Prozent werden sich an Ihre Wünsche halten, weil Ihre Vorgaben die Kommunikation für die Männer extrem vereinfacht. Sie müssen keine Angst haben, in irgendwelche Fettnäpfchen zu treten. Einige wenige Männer werden auch Änderungswünsche haben, auf die Sie natürlich eingehen können. Damit entspannt sich die Gesamtsituation und Sie werden nicht mehr das Gefühl haben, nicht verstanden zu werden. So einfach kann es gehen. Einfach ausprobieren!«

Ich weiß nicht, wie ich bei anderen rüberkomme

»Ich weiß genau, was ich zu tun habe, um meine Arbeit erfolgreich voranzutreiben«, sagte die neue Leiterin der Geschäftsstelle. »Dafür habe ich seit Jahren ein gutes Gespür und die Ergebnisse geben mir recht. Aber ich habe kein Gefühl dafür, wie mein Vorgehen und meine Wortbeiträge im neuen Team und auf unserer Führungsebene ankommen. Ich komme mir vor wie jemand, der an einem diesigen Tag am Nordseestrand steht und in die Nebelwand redet, die vor ihm aufgezogen ist.

Sie verschluckt meine Worte, aber ob dahinter die Sonne scheint oder Boote kentern, das kann ich nicht erkennen.«

[Analyse] »Sie sprechen nebulös. Sie vermeiden Klartext, weil Sie vermeiden wollen, sich angreifbar zu machen. Bei Ihrem Team kommt das wie Wischiwaschi an, nicht Fisch, nicht Fleisch. Die Unklarheit wirkt demotivierend und fördert den Rückzug Ihres Teams, sodass nichts mit Mut und Motivation angepackt wird.«

[Empfehlung] »Um diesen Umsetzungsnebel zu lichten, sollten Sie einen alten Therapeutensatz beherzigen: ›Wenn Sie nicht weiterwissen, fragen Sie Ihre Klienten.‹ Übersetzt auf Ihren Fall heißt das: Fragen Sie Ihre Chefs, wie die Sie sehen, fragen Sie Ihre Kolleginnen und Kollegen, was die an Ihnen schätzen oder was sie an Ihnen irritiert. Nehmen Sie die Antworten ernst. Bitten Sie alle, Ihnen Bescheid zu geben, wenn etwas in die falsche Richtung geht, verbunden mit dem Hinweis, dass Sie dafür einfach kein Gespür haben und deswegen auf diese Rückmeldung angewiesen sind. Sie werden überrascht sein, wie viele auf diese Ehrlichkeit positiv reagieren und bereit sind, Ihnen in dieser Frage entgegenzukommen, und was für eine klare zukünftige Kommunikation Ihre Unterstützungsbitte auslösen wird.«

Bin ich gefährdet?

»Für mich kam die unpopuläre Personalentscheidung wie aus dem Nichts und ich kann nur froh sein, dass nicht mein Bereich davon betroffen war. Ich hatte mit der Auflösung dieser Abteilung nicht gerechnet, weil bei uns derzeit alle Augen auf die Digitalisierung als Megathema ausgerichtet sind und Verschlankungen gar nicht diskutiert wurden.«

[Analyse] »Sie wurden mit der Fahrwasser-Strategie überrollt! Die Spitzenpolitik und die Wirtschaft lieben dieses Vorgehen! In Deutschland wurden im Fahrwasser der Live-Übertragung zur Weltmeisterschaft der deutschen Nationalmannschaft in kleiner Besetzung im Bundestag ab 21 Uhr umstrittene Entscheidungen durchgezogen. Timing ist alles. Andere lassen vetogefährdete Entscheidungsprozesse in die Haupturlaubszeit im Sommer legen, wenn nur noch die vorinformierten Befürworter vor Ort sind, um die Entscheidung im Fahrwasser der Urlaubszeit durchzuwinken.«

[Empfehlung] »Sie müssen diese Strategie weder selbst nutzen noch gutheißen, aber Sie sollten sie kennen, um zu antizipieren, in welchem Fahrwasser agiert werden könnte. Sensibel sind dabei Urlaubszeiten, Uhrzeiten am Abend oder Treffen kurz vor einem Firmenevent, von dem alle abgelenkt sind, während sich ›zufällig‹ noch ein kleiner Entscheiderkreis kurz zuvor über ein unpopuläres Thema abstimmt. Wenn Sie solche potenziellen Entwicklungen antizipieren, weil Sie aufmerksam sind, sind Sie vor bösen Überraschungen gefeit, weil Sie frühzeitig reagieren können. Die Frage ist: Sind Sie bereit, alle sechs Wochen so antizipativ und misstrauisch zu denken? Sie reduzieren damit die Wahrscheinlichkeit, überrumpelt zu werden, zum Beispiel weil Sie eine vermeintliche Gefahr für Kolleginnen oder Chefs darstellen. Vermeintlich heißt, dass die Gefahr nicht real vorhanden sein muss, sondern Ihr Gegenüber sich einbildet, dass es zu Konflikten mit Ihnen kommen könnte. Vielleicht befürchtet Ihr Kunde, Sie könnten die Preise neu diktieren, vielleicht glaubt eine Kollegin, dass Sie das Budget erhalten könnten, das sie selbst haben möchte, vielleicht ist sich Ihr Chef Ihrer Loyalität nicht sicher oder Ihre Kollegen befürchten, Sie könnten ihnen bei erstbester Gelegenheit in den Rücken fallen. Es gibt unendlich viele Gründe, Sie aus dem Weg räumen zu wollen!«

»Das klingt stressig, aber die entscheidende Frage ist, wie ich verhindern kann, dass es überhaupt so weit kommt.«

»Wenn Sie es schaffen, Vertrauen in Ihre Zuverlässigkeit herzustellen, sind Sie gut geschützt. Wenn die anderen wissen, dass Ihr Wort zählt, ist eine wichtige Grundlage geschaffen. Das ist aber nur die halbe Lebensversicherung, denn ob Ihre vertrauensbildenden Maßnahmen von Ihrem Gegenüber angenommen werden, steht auf einem anderen Blatt. Daher gehen Sie auch bitte den zweiten Schritt und beenden alles, was Sie angreifbar machen könnte. Überprüfen Sie Ihr berufliches Handeln. Fragen Sie sich, was ein überkorrekter Jurist oder eine missgünstige Kollegin ins Feld führen könnte, und beenden oder korrigieren Sie das, sodass Sie von sich sagen können: ›Ich beachte zu 100 Prozent alle Compliance-Regeln.‹«

»Ist das Ihr Ernst? So kleinkariert soll ich agieren?«

»Ja, und dann schauen wir, zu welchen Erkenntnissen oder Entdeckungen Sie gekommen sind.«

»Es geht also um Selbstschutz, richtig?«

»Genau, und damit haben Sie das Prinzip verstanden. Also, analysieren Sie, wo Sie angreifbar sind, und schließen Sie nach der Analyse diese Flanken, die gemeine Zeitgenossinnen und Zeitgenossen für Ihr Karriereende nutzen könnten!«

Frauen fördern Frauen? Nicht in diesem Fall!

»Mein Anspruch als Chefin ist es, Frauen zu fördern, inklusive Equal Pay, aber diese Kollegin führt mich an meine Grenzen. Sie macht, was sie will, seit sie sich auch auf die Stelle beworben hat, die ich jetzt bekommen habe. Seitdem gibt es mit ihr nur Stress. Egal, was ich vorschlage, von ihr gibt es Kontra und das Ganze wird hochgradig schlecht gelaunt kommuniziert. Mit ihrer schlechten Stimmung hat sie das Team angesteckt, sodass die Spannungen zunehmen, die sie befeuert und gleichzeitig mir ankreidet, weil sie Ausdruck meines Führungsversagens seien. Es ist eine bedrückende Situation, die mir langsam aus der Hand gleitet!«

[Analyse] »Sie sollten mit Ihrer Frauenförderung pausieren, denn um gefördert zu werden, sollte Ihr Gegenüber förderungswürdig sein. Aber diese Kollegin arbeitet gegen Sie und verursacht Konflikte, die sie Ihnen ans Revers heften möchte, damit Sie fachlich unfähig aussehen. Es mangelt Ihrer Kritikerin nicht an Selbstbewusstsein und Kampfeslust, alles ausgelöst durch die Bewerbungsniederlage. Ihretwegen hat sie weniger Verantwortung. Ihretwegen hat sie kein Team und Ihretwegen hat sie kein höheres Gehalt. Das sind viele Gründe, gegen Sie zu arbeiten, verbunden mit der stillen Hoffnung, doch noch befördert zu werden, weil die Leitung erkennt, dass Sie nur heiße Luft sind. Dabei agiert sie rhetorisch klug, sodass die wiederholte Kritik an Ihnen früher oder später auf Resonanz stoßen dürfte. Dann wird es für Sie richtig gefährlich.«

»Ja, das befürchte ich auch. Deswegen fühle ich mich in einem moralischen Dilemma, plötzlich gegen eine andere Frau vorgehen zu müssen.«

[Empfehlung] »*So what?* Sagen Sie informell Ihrer Leitung, dass diese Frau ihre Nicht-Beförderung nicht verkraftet hat und nun aktiv gegen Sie, das Team und die zu bewältigenden Aufgaben arbeitet. Sagen Sie, sie streue Sand ins Getriebe und schade damit den Unternehmensergebnissen, die Ihr Chef mitzuverantworten hat. Sagen Sie, dass sie eine Abwärtsspirale in Gang setzt, die auch Ihren Chef am Ende schlecht aussehen lassen wird. Das alles reiben Sie Ihrem Chef deutlich unter die Nase, verbunden mit der Frage, was er Ihnen im Umgang mit der Frau empfehlen würde, da der Konflikt das Potenzial hat zu eskalieren. Erkennt er diese Gefahr ebenfalls, bitten Sie ihn um grünes Licht für eine Trennung von der Kollegin oder für ihre Abschiebung in einen anderen Bereich oder bitten Sie um alternative Vorschläge zur Lösung dieses Problems, das sich nicht von alleine erledigen wird.«

Nach diesem Gespräch bat ihr Chef um zwei Tage Bedenkzeit, um nach einem weiteren Gespräch die Versetzung der Kollegin zu organisieren. Sein Argument für diese Entscheidung war recht typisch für einen Mann, der sich am liebsten nicht in einen »Frauenkonflikt« hineinziehen lassen möchte: »Ich verstehe nicht so richtig, worum es in diesem Konflikt zwischen den beiden Frauen geht, aber ich weiß, dass es so nicht weitergeht.« Auch meine Kundin zog Konsequenzen: Sie fördert weiterhin Frauen, von deren Seriosität sie überzeugt ist und von denen sie einen fairen Umgang erwartet. Die anderen wird sie zukünftig schneller fallen lassen, um eine Eskalation bereits im Keim zu ersticken. Sie folgt damit der Peperoni-Strategie-Regel »Sie müssen Ihre Widersacherinnen und Widersacher abschießen, solange sie noch im Wachstum sind«. Eine kluge Entscheidung!

Natürlich gelingt die Lösung derartiger Konflikte nicht immer, vor allem wenn sich Ihre Gegenspielerinnen und Gegenspieler strategisch klug aufgestellt haben, wie es dem folgenden Tourismusmanager widerfuhr.

Ich will kämpfen, trotz geringer Chancen

»Der Bereichsleiter zum Thema Strategie, der gleichzeitig die rechte Hand unserer Eigentümerin ist, hat meinen strategischen Planungsentwurf für das kommende Jahr verworfen, obwohl mein Team und auch die Führungskräfte auf meiner Ebene meine Überlegungen unterstützen. Das hat richtig gekracht und ich stehe jetzt da wie ein begossener Pudel. Das Mindset zwischen uns funktioniert einfach nicht«

»Wie unterstützen die Sie?«

»Informell in den Gesprächen, die ich mit Ihnen führe und in denen ich erkläre, was ich zukünftig für zielführend halte.«

[Analyse] »Informell ist die kleine Schwester von Schei…! Informell ist unverbindlich und kann schnell widerrufen werden, wenn es ernst wird, und ernst wird es, wenn die rechte Hand der Eigentümerin Ihnen das Stoppschild vor die Nase gehalten hat. Da helfen Ihnen die wohlwollenden Statements der Kolleginnen und Kollegen wenig, denn informell wird auch gerne zugestimmt, weil man so schnell seine Ruhe vor Ihren Ausführungen hat. Ihre Ausführungen verdeutlichen Ihr Standing in dieser Frage im Unternehmen. Danke für Ihre Offenheit. Ich möchte Ihnen genauso offen antworten: Ihre Hoffnung, diesen Konflikt in Ihrem Sinne zu lösen, ist vergeblich. Diese Auseinandersetzung verlieren Sie, denn die Gegenseite ist zu gut aufgestellt, und das wird Narben bei Ihnen hinterlassen.«

[Empfehlung] »Starten Sie eine konfrontative Auseinandersetzung gegen die rechte Hand nur, wenn Sie eine 51-prozentige Gewinnchance haben! Noch angenehmer wären 70 Prozent, denn dann sind Ihre

Erfolgschancen größer und der Sieg schmeckt genauso süß. Lassen Sie die Finger von allem, was unter 50 Prozent liegt. Solche Auseinandersetzungen verlangen einen großen Arbeitsaufwand bei kleinen Erfolgschancen. Folgen Sie bei derartigen Konflikten nicht Ihrer Verärgerung, sondern agieren Sie utilitaristisch, also ausschließlich auf den Nutzen ausgerichtet, und stecken Ihre Power in Projekte mit überdurchschnittlicher Erfolgsaussicht.«

»Das ist eine enttäuschende Message.«

»Vor allem ist es eine realistische Message. Lassen Sie uns überlegen, wie Sie mit wenig Gesichtsverlust aus diesem Konflikt herauskommen, und lassen Sie uns über Alternativen zu Ihrem jetzigen Arbeitsbereich nachdenken, denn im Strategiebereich haben Sie gerade Schiffbruch erlitten. Ihr Unternehmen ist riesig. Da gibt es bessere Bereiche und Standorte mit Bereichsleiterinnen und -leitern, die Ihre Expertise wertschätzen. Denken Sie darüber nach, ob das eine Perspektive für Sie sein könnte. Aber gehen Sie nicht in einen Kampf, der Zeit, Nerven und Tränen kostet und am Ende – ungerechterweise – schlecht für Sie ausgehen wird.«

Der Tourismusmanager fand Gefallen an der Wechselidee im Unternehmen, zumal es nicht der erste Berufskonflikt in diesem Bereich war und das Ganze bereits zum Dauerthema mit seiner Lebensgefährtin geworden war und das Privatleben überschattete. Es hatte keinen Sinn, sein Berufsleben am falschen Platz mit den falschen Leuten zu führen. Seinem Konfliktpartner teilte er mit, dass er die Kontroverse als beendet betrachtete und er den »Sieg« einfahren könne. Seiner Eigentümerin berichtete er von den Dissonanzen, verbunden mit dem Hinweis, dass diese nicht weiter zu verfolgen seien, weil er sich geschlagen geben würde. »Man muss auch verlieren können«, war eine Formulierung, die ihr imponierte, weil sie ebenfalls Erfahrungen mit Niederlagen gemacht hatte. Vor allem war die Eigentümerin über die Aufforderung zum Nichthandeln erfreut, denn sie hatte wenig Interesse an diesem Konflikt, der sich immer mehr hätte aufschaukeln können. Den Wunsch nach Umorientierung im Unternehmen konnte sie nachvollziehen und leitete den entsprechenden Prozess ein.

Angesichts der Frechheit könnte ich ausflippen

»›Mensch, Mädchen? Dein Ernst?‹ Was soll ich mit so einem Kommentar anfangen, der plötzlich im Meeting rausgehauen wird, nur weil dem Kollegen mein Statement missfällt? Ich bin nicht auf den Mund gefallen, aber alles, was ich ihm gerne direkt geantwortet hätte, wäre so vulgär gewesen, dass ich mich hätte entschuldigen müssen. Deswegen habe ich nichts gesagt, was den Eindruck hinterließ, dass man so mit mir umgehen kann. Das ist auch keine gute Message!«

[Analyse] »Hier wollte ein ›moderner Mann des 19. Jahrhunderts‹ noch einmal demonstrieren, wie er gerne mit Frauen umspringen würde, nämlich in einem hierarchischen Gefälle von oben (er) nach unten (Sie). Dieses unzeitgemäße Verhalten ist eine letzte Zuckung, bevor er erkennen muss, dass sich die Zeiten verändert haben und so ein chauvinistischer Habitus seine eigene Karriere gefährdet.«

[Empfehlung] »Diese Gefährdung gilt es, ihm zu verdeutlichen. Dabei reicht es, wenn Sie innerhalb von 48 Stunden auf so eine Respektlosigkeit reagieren. Idealerweise nicht direkt, sondern über Bande. Das heißt, Ihre Chefin, der Personalleiter oder ein statushoher Fan von Ihnen sagt dem Sprücheklopfer ungefähr Folgendes: ›Wenn Sie noch einmal die Kollegin oder irgendeine andere Frau in unserer Firma von der Seite anschießen, dann kommen Sie in Teufels Küche, denn dann werden die Compliance-Regeln, die sehr sensibel auf Sexismus reagieren, gegen Sie angewendet. Das kann bis zur Abmahnung führen, und was das für Ihre Karriere bedeutet, muss ich Ihnen nicht erklären. Aber so weit muss es nicht kommen. Dafür brauchen Sie ihr gegenüber nur eine entschuldigende Geste zu zeigen und zukünftig einen respektvollen Umgang zu pflegen. Bekommen Sie das hin?‹ Die meisten Sprücheklopfer antworten auf solch eine Ansage gar nicht, unterlassen aber zukünftig ihr schlechtes Benehmen oder sie reagieren mit einem schlichten ›Ja, in Ordnung‹. Wird er deswegen zum Frauenversteher? Nein! Wird er zukünftig seine Klappe halten? Mit hoher Wahrscheinlichkeit, denn er fürchtet Ihr Echo!«

Der nimmt mich nicht ernst

Nicht ernst genommen zu werden, ist kein Thema, das nur Frauen betrifft.

»Sie laufen Gefahr, dass man Sie als Professor nicht mehr ernst nimmt«, war eine Rückmeldung, die mir vor einer Konferenz im Beisein einiger Kolleginnen und Kollegen um die Ohren gehauen wurde.

»Wie kommen Sie darauf?«

»Wegen Ihrer Bücher: Erst publizieren Sie über Optimismus, also über rosarote Schönrederei, statt die Problemlagen unserer Gesellschaft zu analysieren. Jetzt legen Sie mit dem *Federleicht-Prinzip* über das Impostor-Syndrom nach, in dem Sie suggerieren, dass es Prinzipien gäbe, die das Arbeitsleben im Kapitalismus weniger stressig machen. Das alles liest sich seicht und wirkt oberflächlich, denn wir leben in einer Wettbewerbsgesellschaft, die von einer globalen Dauerkrise begleitet wird. Das alles blenden Sie aus. Es fehlt Ihnen an Substanz und deswegen laufen Sie Gefahr, dass man Sie nicht mehr ernst nimmt.«

»Danke für Ihre ehrlichen Worte. Darüber denke ich nach. Und ich bin beeindruckt, dass Sie meine Bücher dennoch gelesen haben.«

»Ja, das habe ich, aber natürlich nicht Zeile für Zeile. Ich habe reingeblättert und quergelesen.«

[Analyse] Reingeblättert und quergelesen? Mit dieser Aussage disqualifizierte sich mein Kritiker selbst, dem es wichtig war, sich selbst zu erhöhen, indem er andere niedermacht. Die Fachbücher dieses Kritikers sind in einem sehr anspruchsvollen Soziologendeutsch geschrieben, das kaum ein Mensch versteht. Seine Verkaufszahlen sind dreistellig, denn nur Expertinnen und Experten würden seine Bücher kaufen und lesen können. Seinen Ärger über die hohen Verkaufszahlen meiner gut leserlichen Bücher konnte er kaum unterdrücken, daher sprudelte der Rundumschlag aus ihm heraus.

[Empfehlung] Es ist klug, nicht weiter auf solche Vorwürfe einzugehen und keine der umstehenden Personen in den Disput hineinzuziehen, um diesen noch zu befeuern, sodass sich das Ganze schnell erledigt. Höflich werde ich diesem Idioten gegenüber dennoch bleiben, weil ich keine gereizte Stimmung anheizen will. Meinen Respekt hat er angesichts seines wichtigtuerischen Halbwissens allerdings verloren.

Es ist doch so: Egal in welcher Position Sie sind und was Sie tun oder unterlassen, irgendwer kommentiert Ihre Handlung immer negativ und gibt Ihnen Hinweise, auf die Sie getrost verzichten könnten.

- Wer es gut mit Ihnen meint, weist Sie diskret auf Fehler hin und betont Ihre Stärken, auch in Ihrer Abwesenheit und vor allen im Meeting.
- Wer es schlecht mit Ihnen meint, kritisiert Sie so, dass es möglichst viele im Unternehmen mitbekommen, und unterstreicht Ihren Optimierungsbedarf.
- Wer sich gar nicht zu Ihnen positioniert – also weder positiv noch negativ agiert –, gilt als neutrale Person. Das klingt jedoch besser, als es ist, denn neutrale Personen machen in Konfliktsituationen keinen Finger für Sie krumm.

Schauen Sie sich auf Ihrer Führungsebene und in Ihrem Team um, wen Sie welcher Gruppe zuordnen können. Das gibt Ihnen Aufschluss über Ihr Standing. Es vermittelt Ihnen auch die Erkenntnis, wer in schlechten Zeiten zu Ihnen steht und wer Öl ins Feuer gießen wird, weil sie etwas vergeigt haben. Stellen Sie sich dieser Realität und vermeiden Sie so zukünftige Enttäuschungen, weil Sie von vornherein wissen, woran Sie sind. Sonst ergeht es Ihnen wie der folgenden Teamleiterin.

Er ist höflich, aber lässt mich im Regen stehen

»Mein Kollege hat mir zum Geburtstag gratuliert und saß beim Firmenevent neben mir, weil wir uns gut verstehen. Ab und zu verbringen wir gemeinsam die Mittagspause im Sushi-Laden um die Ecke. Wir haben ein ähnliches Mindset, hatte ich gedacht, bis ich letzte Woche wegen einer Entscheidung in die Kritik geriet. Da hätte ich seine Rückendeckung brauchen können. Das war offensichtlich, aber er starrte nur auf sein Smartphone und ließ mich komplett im Regen stehen, obwohl ich ihn mit Blicken um Unterstützung anflehte. Er tat so, als ob er sie nicht bemerkte, aber das habe ich durchschaut, dafür kennen wir uns zu gut.«

[Analyse] »Dieser Schönwetter-Kollege ist mikrosoziologisch gesehen ein Prototyp des Neutralen. Neutrale sind nach Lewins Force-Field-Analysis Kolleginnen und Kollegen, die sich im Berufsalltag freundlich geben, solange sie keinen Einsatz zeigen müssen. Steht eine Kontroverse an und brauchen Sie Hilfe, geht dieser Personenkreis in Deckung und taucht erst wieder auf, wenn sich der Konflikt entschieden hat, um sich auf die Seite der Sieger zu schlagen. Die Neutralen sind keine Hilfe, sie engagieren sich nicht für Sie, wenn es hart auf hart kommt.

[Empfehlung] »Je schneller Sie Ihre neutralen Kolleginnen und Kollegen identifizieren, umso weniger laufen Sie Gefahr, auf das falsche Pferd zu setzen! Das schließt natürlich nicht aus, weiterhin mit ihrem Kollegen Sushi essen zu gehen. Er bleibt ja ein freundlicher Pausenclown, nur einer, der Ihnen nicht zur Seite steht, wenn Sie ernsthafte Sorgen haben. Diese Realität ist eine ernüchternde Erkenntnis, die Ihnen allerdings den Appetit verderben kann.«

Neben den Neutralen stellen die Negativen die größere Herausforderung dar, also diejenigen, die Ihnen aktiv Ihr Berufsleben erschweren.

Die quälen mich mit ihrem destruktiven Gerede

»Es gibt zwei Kolleginnen in der Firma, die mich runterziehen. Die strapazieren meine Nerven mit ihrer schlechten Laune und ihrer ewigen Skepsis. Nichts kann man ihnen recht machen und sie halten mit ihrem destruktiven Gerede nicht hinterm Berg. Jede innovative Idee ersticken sie im Keim. Mich demotiviert das, nicht nur in Bezug auf unser Betriebsklima, sondern auch in Bezug auf meine Arbeit, weil ich schon im Vorfeld weiß, dass sie über mein Engagement herziehen werden. Das Ganze formulieren sie fachlich und höflich, sodass man ihnen das Destruktive kaum vorwerfen kann, aber ihre passive Aggressivität ist für mich unübersehbar.«

[Analyse] »Ihre Kolleginnen sind NIPs, Negativity Inducing People, also Menschen, die ihre Kraft daraus ziehen, andere negativ zu beeinflussen. Es ist Teil ihres Persönlichkeitsprofils und ihre Destruktivität und schlechte Laune ist kaum ins Positive zu beeinflussen. Dafür haben sie einen langen negativen Atem, denn ihr Gift konserviert sie.«

[Empfehlung] »Sie müssen akzeptieren, dass es Ihnen nicht gelingen wird, die NIPs von ihrem destruktiven Weg abzubringen. Das bedeutet nicht, dass Sie ihnen hilflos ausgeliefert sind. Sie müssen nur einen Plan entwickeln, der dazu führt, dass Sie so gut wie keine beruflichen Berührungspunkte mehr mit ihnen haben. Wenn die beiden in eine Arbeitsgruppe gehen, dann gehen Sie eben in eine andere. Wollen die mit Ihnen zum Mittagessen gehen, sagen Sie, dass Sie noch einen Call haben. Kommen die in Ihr Büro, verlassen Sie das Büro aus Termingründen. Stellen sie Ihnen Fragen, dann beantworten Sie diese so knapp wie möglich, optimal als Dreizeiler. Reden die beiden destruktiv, tun Sie so, als ob Sie es gar nicht bemerken. Lästern sie über andere, beteiligen Sie sich nicht, sondern gehen Sie. Kurz gesagt: Gehen Sie auf höfliche Distanz, ohne sie zu provozieren oder Ihren Ärger zu zeigen. Ihr fehlendes Echo wird mit hoher Wahrscheinlichkeit dazu führen, dass die beiden das Interesse an Ihnen verlieren, denn sie ergötzen sich am Ärger der anderen. Sie brauchen Ihr Echo und das verweigern Sie ihnen auf diese Art. Das wäre ein wichtiger Schritt, dem man in der Lerntheorie den Namen ›Löschen durch Ignorieren‹ gegeben hat. Bekommen Sie das hin?«

»Das klingt vielversprechend. Die blöden Kühe ignorieren? Ja, das bekomme ich hin!«

Dass das Verhalten von Negativity Inducing People Unternehmen gefährden kann, beklagte auch der Geschäftsführer mehrerer Einrichtungen der Sozialbranche.

Deren üble Laune steckt die anderen an

»Bei uns im Team wird ständig gejammert und geschimpft: Früher wäre alles besser gewesen, vor allem die personelle Ausstattung. Heute dagegen sei die Personaldecke so dünn, dass man bei Krankheitsfällen sofort als Ersatz einspringen müsse, egal was man gerade privat geplant habe. Eine Zumutung und eine Belastung für das Privatleben sei das!«

[Analyse] »Solche Zumutungen möchte niemand von uns erleben, weil es problematisch ist, wenn das Privatleben nicht verlässlich geplant werden kann. Die Klagen der Teams sind berechtigt und trotzdem ein Fehler, da jede Neueinstellung schon in der Probezeit von den Klageliedern der Alteingesessenen abgeschreckt wird, sodass die Hälfte der Neueinstellungen bei Ihnen bereits vor dem Ende der Probezeit kündigt. Die Neuen sind von dem Gejammer der Altgedienten frustriert und haben keine Hoffnung auf Besserung – die ja käme, würden sie ihren Dienst antreten und damit die Personallücken füllen.«

»Und dann wird wieder der zu enge Personalstamm beklagt und dass ich als Geschäftsführer die Einstellungen nicht hinbekomme. Bin ich im Tollhaus?«

»Ja, das sind Sie, weil Ihr Team im sogenannten Kreislauf der Dummheit gefangen ist und sich mit dem Gejammer selbst schadet, weil es die potenziellen Neueinstellungen abschreckt. Es wird Zeit, dass Sie Ihrem Team diesen Teufelskreis verdeutlichen!«

»Aber wie soll das gehen?«

[Empfehlung] »Suchen Sie die wenigen Gutgelaunten in Ihren Teams heraus, damit sie den Neuen ihren Wert für das Unternehmen verdeutlichen. Die Message lautet: ›Ihr seid wichtig! Ihr seid die Lösung unserer Sorgen und wir sind glücklich, dass ihr bei uns seid!‹ Als Nächstes werden die Neuen bevorzugt den Schichten der Gutgelaunten zugeteilt, bis diese vom ›Positiv-Virus‹ infiziert sind. Solche positiven Kolleginnen und Kollegen nennen wir in der Kriminologie Big Brother oder Big Sister, weil sie den Neuen wie Geschwister helfend zur Seite stehen. Die Abschreckung reduziert sich auf diese Weise und der Verbleib der Neueinstellungen steigt.«

Die beißen sich an unwichtigen Details fest

»Das kann doch nicht wahr sein!«, stöhnte der Digitalexperte, der in einem Unternehmen der Chip-Produktion die Abteilung wechselte, um bei einer Neuentwicklung sein Wissen einzubringen. »Immer geht es bei den Rückmeldungen um Details meiner Anregungen. Diese Details werden vom Team vehement thematisiert, nach dem Motto: ›Wenn Sie das nicht beachten, werden wir Ihren Vorschlag beerdigen.‹ Dabei ist der monierte Kram nebensächlich. Was soll dieses Getue?«

[Analyse] »Sie sind zu einer Zumutung geworden, denn die Kolleginnen und Kollegen spüren Ihre fachliche Überlegenheit. Ihr Mehrwissen könnte jeder Expertengruppe helfen, wird aber schnell von den weniger Schlauen als Zumutung empfunden. Das Team hat Sie in die Klugscheißerrolle katapultiert und ist motiviert, den Beweis anzutreten, dass Sie gar nicht so schlau sind. Das ist typisch für Teams, die eine gleiche Gesinnung und ein gleiches Niveau als Idealzustand definieren. Dieses Gleichgewicht stören Sie und daher versucht man, Sie durch bedeutungslose Korrekturwünsche auf Mittelmaß zurechtzustutzen.«

»Das finde ich albern, Zeit verschwendend und nicht lösungsorientiert.«

[Empfehlung] »Dennoch ist es klug, wenn Sie mitspielen. Holen Sie die Nervensägen mit ins Boot, indem Sie deren bedeutungslosen Einwürfen eine Bedeutung geben. Das beruhigt die Gruppe und fördert den Glauben, Sie seien einer von ihnen. Ihre schauspielerische Leistung wird belohnt, denn die Diskussion über Nebenschauplätze wird sich verringern, weil Sie den anderen das Gefühl vermitteln, Sie fänden ihre Wortbeiträge wichtig. Das stellt die Meute zufrieden und fördert Ihre gestalterische Freiheit! Das passt, oder?«

»Ist ein bisschen wie Kindergarten, aber für mich okay, wenn es so funktioniert.«

Würde er nicht auf die Mittelmäßigkeit des Teams und dessen »Kindergarten-Befindlichkeiten« eingehen, würde man ihn im nächsten Schritt in die Ecke drängen, so wie es im folgenden Fall geschehen ist.

Die haben mich isoliert

»Wieso klappt das überhaupt, dass man mich in der Firma so in die Ecke drängen konnte? Ich stehe jetzt außen vor, fehlt nur noch, dass ich in der Kantine am Katzentisch sitzen muss.«

[Analyse] »An Ihrer Leistung liegt es nicht. An Ihrer Professionalität liegt es nicht. An Ihrem Fleiß liegt es nicht. Es liegt an Ihrer Faulheit, sich nicht vorbeugend für schlechte Zeiten vernetzt zu haben. Sie sind ein weiblicher Lonely Wolf, eine Einzelkämpferin, eine starke Frau, aber schutzlos und damit prädestiniert, um Sie zum Sündenbock zu machen oder Sie mit Ihren Ideen zu isolieren.«

»Wenn das der Grund ist, dann baue ich mir jetzt ein Netzwerk auf. Ich habe ja den ein oder anderen guten Kontakt hier im Unternehmen. Da bin ich ganz pragmatisch.«

[Empfehlung] »Sehr gut. Ja, starten Sie damit durch, aber erwarten Sie nicht, dass man Sie in der aktuellen Situation unterstützt. Alles, was Sie heute aufbauen, ist ein kluges Investment in zukünftige Konflikte, bei denen Sie von Ihrem Netzwerk Rückendeckung erfahren werden. Nicht mehr, aber auch nicht weniger. Gut Ding braucht Weile. Werden Sie diese Geduld aufbringen?«

»Ja, das werde ich.«

Meine Hilfsbereitschaft wird schamlos ausgenutzt

Manche werden in die Ecke gedrängt, andere stellen sich freiwillig in die Ecke, ohne zu bemerken, welche negativen Folgen das für sie hat.

»Ich denke, ohne mich läuft es in meiner Abteilung nicht, obwohl ich nur der stellvertretende Abteilungsleiter bin. Aber meine Lösungsbereitschaft und mein umgängliches Wesen führen dazu, dass die Kolleginnen und Kollegen mit ihren Anliegen zuerst bei mir auflaufen, anstatt zu unserer Leitung zu gehen. Wir lösen dann meistens gemeinsam das anstehende Problem, sodass wir unseren Chef nicht mehr ›belästigen‹ müssen. Er ist happy, weil alles wie am Schnürchen läuft. Ganz unbescheiden darf ich sagen: Das liegt zu großen Teilen an mir.«

»Sie sind ein Arbeitsheld, eine tragende Säule des Unternehmens, der Traum von einem Stellvertreter, aber wo ist der Haken für Sie?«

»Die Arbeit stapelt sich bei mir, weil die Problemlösungen selten ad hoc gelingen, sondern prozesshaft sind, sodass sich neben meinem Kerngeschäft 30 Prozent an Fremdproblemen angehäuft haben. Meine Hilfe wird für mich zum Überlastungs-Bumerang. Bis vor Kurzem fühlte ich mich als tragende Säule, jetzt spüre ich den Würgegriff, denn ich sitze wegen der Mehrbelastung noch im Office, während die anderen schon den Heimweg antreten – übrigens auch die mit den Problemen.«

[Analyse] »Sie helfen auf Kosten Ihrer eigenen Arbeitsleistung und auf dem Rücken Ihrer Familie, denn besonders Ihre kleine Tochter würde sich freuen, wenn Sie nach Hause kommen würden, bevor sie ins Bett muss. Das ist eine familienfeindliche Selbstausbeutung, die Ihre Kolleginnen und Kollegen an Sie delegiert haben, vermutlich mit dem Resultat, dass die alle ihre Kinder noch am Abend zu sehen bekommen. Das ist eine schräge Sache, in die Sie sich selbst manövriert haben.«

[Empfehlung] »Ziehen Sie die Reißleine! Bringen Sie die noch anstehenden Themen zu Ende, aber nehmen Sie kein neues externes Thema mehr an. Sagen Sie Ihren Kolleginnen und Kollegen, dass Sie die Zeit für Ihre eigenen Aufgaben brauchen und dass sie die Probleme selbst lösen oder mit dem Chef direkt besprechen sollen. Dem Chef sagen Sie, dass Sie Ihren kollegialen Topservice ab sofort reduzieren, um sich auf Ihr Kerngeschäft zu konzentrieren.«

»Das wird viele irritieren und vielleicht sogar verärgern.«

»Stimmt. Die werden nicht begeistert sein, denn sie verlieren ihren Service-Onkel, bei dem sie alles abladen können. Umso wichtiger ist Ihr Schlussstrich, denn mit der Servicerolle bleiben Sie ein Service-Onkel und kein Mann, dem man einen Aufstieg zutraut!«

»So negativ habe ich meine Hilfsbereitschaft bisher nicht gesehen.«

»Dann wird es Zeit für Sie aufzuwachen!«

Die Harmonie ist denen wichtiger als das Ergebnis

»Die gute Nachricht ist, dass wir eine Topatmosphäre in unserer Eigentümergruppe haben. Rücksichtsvoll, kein Zoff, zum Wohlfühlen! Die schlechte Nachricht: Das gelingt uns nur, weil wir kontroverse Themen kaum ansprechen und wenn, dann nur verklausuliert und in homöopathischen Dosen. Beim Hauch eines potenziellen Konflikts wird das Thema fallen gelassen oder auf einen späteren Zeitpunkt verschoben, der aber nie kommt, weil niemand mehr das heikle Thema anfassen möchte. Offensichtliche Fehlentwicklungen werden erst angesprochen, wenn es zu spät ist. Kurz gesagt: Wir zahlen für unsere harmonische Stimmung einen hohen Preis, denn unser Unternehmen stagniert und entwickelt sich nicht weiter in einem Markt, in dem viel Bewegung ist, auf die reagiert werden müsste.«

»Warum ändern Sie das nicht? Sie sind eine durchsetzungsstarke Führungskraft und Ihnen gehören als Gründer die meisten Firmenanteile.«

»Ich bin dort nur als Externer tätig und hauptberuflich mit der Gründung eines weiteren Start-ups beschäftigt. Das ist mein Konzept: Ich gründe und übergebe dann an fähige Leute, die dafür einen Firmenanteil erhalten. Dann ziehe ich mich zurück und freue mich über die Ausschüttungen, die erwirtschaftet werden. Mein Problem bei diesem Start-up ist die Harmonieduselei der Leitungsgruppe.«

[Analyse] »Ihre Leitungsgruppe setzt sich nach Ihren Worten aus klasse Expertinnen und Experten zusammen, für die es unter Ihrer bisherigen Leitung nur bergauf ging. Ohne Konflikte, denn die haben Sie immer antizipiert und abgeräumt. Sie waren nicht nur der Gründer, sondern auch der Mann, der die konfliktträchtige Drecksarbeit erledigt hat. Das musste die Leitungsgruppe nicht einmal an Sie delegieren. Das haben Sie von sich aus erledigt. Was für ein Luxus für die Gruppe, immer wenn die einen Konflikt hatten, konnten die sich auf ›Papa‹ verlassen, um den Konflikt zu schlichten. Die Zeit ist nun vorbei. Die alte hierarchische Ordnung gilt nicht mehr und eine neue Ordnung haben die noch nicht erworben. Das nennt man einen anomischen Zustand, der immer mit Verwirrung einhergeht, wie auch bei Ihrer Leitungsgruppe.«

[Empfehlung] »Man kann jetzt nicht einfach einen aus der Gruppe bestimmen, der Ihre Rolle übernimmt. Das funktioniert nicht, weil nur Sie über diese Autorität im guten Sinne verfügen. Die Bewegungs- und Entscheidungslosigkeit, die Sie beschreiben, manövriert das Unternehmen in die Sackgasse. Sie ist nicht gut, denn ohne eine neue Streitkultur kann maximal der Status quo gehalten werden, bevor es dann irgendwann richtig abwärts geht. Das ist die schlechte Nachricht. Die gute Nachricht lautet: Man kann sich gegenseitig Kritisches sagen, ohne dass die Atmosphäre darunter leidet. Das ist zu schaffen. Der Schlüssel dazu lautet: Ganzheitliche Wertschätzung des Gegenübers und nur bei kontroversen Themen gibt es punktgenauen Klartext. Punktgenau heißt, dass keine Rückmeldung oder Kritik länger als 60 Sekunden dauern sollte.«

»Aber wie bekommt man es hin, dass das konfliktscheue Team sich nicht überwirft und verbrannte Erde statt Lösungen hinterlässt?«

»Als Erstes führen Sie mit jedem der fünf Miteigentümer ein Einzelgespräch. Fragen Sie:

- Was sind aus Ihrer Sicht die entscheidenden Reibungspunkte?
- Welche Lösungen würden die Einzelnen empfehlen und fänden sie auch richtig gut?
- Wie möchten die Einzelnen zukünftig themengerecht kommunizieren und was wären optimale Beratungsergebnisse zu dem Harmoniethema, wenn sie jetzt einmal dick auftragen würden?

Mit den entsprechenden Antworten geht es in den gemeinsamen Austausch mit dem Ziel, eine neue tragfähige Entscheidungsstruktur zu etablieren. Die Lösungsmotivation wird groß sein, da Ihre Führungskräfte Anteile am Unternehmen haben und Sie ihnen deutlich machen, dass sie zukünftige Ausschüttungen und ihr wohlhabendes Leben vergessen können, wenn sie weiter so mittelmäßig performen. Das Motto ist: ›Löst das Problem, gerne mit meiner Begleitung, oder verliert die Start-up-Cashcow und eure gemeinsame unternehmerische Zukunft.‹«

»Das klingt wie eine Drohung.«

»Auf diese Weise wecken Sie die sekundäre Veränderungsmotivation Ihrer Führungscrew in Richtung Klartext bei gleichzeitiger Wertschätzung, wobei Sie die katastrophalen Folgen für das gemeinsame Unternehmen aufzeigen. Sollte das auf den einen oder anderen bedrohlich wirken: Wunderbar, das wird den Lösungs-Turbo zünden!«

Konfliktscheu könnte auch den Erfolg des folgenden Protagonisten zerlegen.

Die sehen meine Freundlichkeit als Schwäche

»Mein Unternehmen fördert mich. Mehr Verantwortung, ein größeres Team, ein höheres Budget und deutlich mehr Gehalt.«

»Das klingt super, Gratulation! Aber warum sprechen wir dann miteinander?«

»Ich soll ein paar Dinge an mir optimieren. Ich soll sichtbarer werden in Meetings und nicht nur antworten, wenn ich gefragt werde. Ich soll mehr an mein erweitertes Team delegieren und das Delegierte kontrollieren. Wenn nötig, soll ich strengere und gleichzeitig motivierende Gespräche führen, um die Teammitglieder auf Linie zu bringen. Das ist nicht leicht für mich, denn ich bin defensiv unterwegs, habe auch eine Wichtigtuer-Allergie, arbeite lieber im Stillen und rede erst über Prozesse, wenn wir sie erfolgreich abgeschlossen haben.«

[Analyse] »Ihr dezentes und durchaus sympathisches Auftreten ist an die Hoffnung geknüpft, dass Ihr Team Ihr defensives Verhalten nicht ausnutzt. Gleichzeitig weiß Ihre Leitung aus bitterer Erfahrung, dass Freundlichkeit häufig als Schwäche ausgelegt wird, denn machen Sie keine klaren Ansagen als zukünftige Führungskraft, dann tanzen die Mäuse auf dem Tisch! Diese Gefahr besteht und es obliegt ihrer Verantwortung, diese Gefahr auszuräumen.«

[Empfehlung] »Es wird Sie vielleicht überraschen, aber bleiben Sie so, wie Sie sind – eine substanzielle Führungskraft ohne Managementallüren und Show-Einlagen. Gleichzeitig verpassen wir Ihnen einen Ruf im Unternehmen, der lautet: ›Unterschätzen Sie nie seine defensive Art, denn stille Wasser sind tief. Hier haben Sie einen neuen Chef mit viel Substanz, der im Topmanagement geschätzt wird.‹ Kommunizieren Sie mit Ihrem Team, dass man ganz schnell auch Ihre bissige Seite kennenlernen wird, sollte jemand auf die Schnapsidee kommen, Ihre Freundlichkeit auszunutzen. Erklären Sie, dass Sie dann in Abstimmung mit der Leitung die Daumenschrauben gewaltig anziehen würden. Mit dieser Warnung verändern Sie das Mindset Ihrer Mitarbeiterinnen und Mitarbeiter, sodass diese Ihre Zurückhaltung nicht mehr als Schwäche interpretieren, sondern als Ausdruck Ihrer ernsthaften, nachdenklichen Qualität, die im Notfall auch böse werden kann. Einer Qualität, die Sie auch von Ihrem Team erwarten. Wenn es klappt – und die Wahrscheinlichkeit ist hoch, dass uns das gelingt –, können Sie so bleiben, wie Sie sind. Ihre Chefs werden zufrieden sein und das Team wird bei Ihrer Mischung aus Fairness und Controlling mitziehen, um sich das Kennenlernen Ihrer bösen Seite zu ersparen. Sollte es dennoch jemand wagen, dann müssten Sie diese Person exemplarisch über die Klinge springen lassen. Wie das im Einzelfall konkret aussehen kann, besprechen wir, wenn es so weit ist. Nur eins ist klar: Es muss für den Betroffenen übel aussehen.«

»Ich hoffe, das Letzte kann ich mir ersparen, alles andere käme mir entgegen, weil ich mich nicht verstellen müsste.«

»Sich verstellen generiert keinen Erfolg. Alles muss zu Ihnen passen!«

Die Zeit der Harmonieduselei ist spätestens vorbei, wenn es um Verträge geht, denn sie werden geschlossen, um in schwierigen Zeiten

Rechtssicherheit zu haben. Das sollten Sie sich vor Augen halten und es nicht handhaben wie im folgenden Fall.

Soll ich einen harten Vertrag mit meinem Studienfreund machen?

»Mit meinem ehemaligen Studienfreund habe ich eine kleine Firma gegründet, weil er das Know-how hat und wir uns seit Jahren super verstehen. Wir müssen das jetzt vertraglich regeln, aber das wird ganz entspannt, wir sind gute Freunde und da muss man nicht in jedes nervige Detail einsteigen.«

[Analyse] »Das klingt angenehm und wahnsinnig naiv, denn Sie setzen auf den gegenseitigen lebenslangen guten Willen. Doch selbst die schönste geschäftliche Liebesheirat kann in einer dramatischen Scheidung enden. Das nicht zu antizipieren, ist unseriös und disqualifiziert Sie als Nachwuchsunternehmer, denn Sie machen sich vom Weh und Ach Ihres Geschäftspartners abhängig. Sie spielen Roulette: Sie können mit ihm Glück haben, aber die Wahrscheinlichkeit, dass es irgendwann knallt und Sie Pech haben, ist unendlich höher.«

[Empfehlung] »Klammern Sie auf keinen Fall aus freundschaftlicher Verbundenheit zukünftige Konfliktherde aus, in der Hoffnung, sie erst dann lösen zu müssen, wenn sie in weiter Zukunft konkret werden! Diese Rücksichtnahme wird sich rächen, denn sollten Sie beide mit dem Unternehmen erfolgreich werden, dann hört bei Geld die Freundschaft auf, weil Ihrem ehemaligen Studienfreund die eigene finanzielle Absicherung und die Absicherung seiner Familie wichtiger ist als die Zufriedenheit seines Firmenpartners. Der hanseatische Handschlag reicht in Ihrem Fall nicht aus, denn Ihr Projekt ist keine Kleinigkeit. Es beinhaltet die Chance des siebenstelligen Erfolgs und mehr.«

»Sehen Sie das nicht ein bisschen zu misstrauisch?«

»Wenn es zum Beispiel um die Frage geht, wie viel Ihrer Überschüsse Sie in die Werbung für Ihr Produkt stecken sollten, kann der Krach schon losgehen. Der eine will alles reinvestieren, der andere will einen Pool im Garten und einen Porsche Taycan 4S. Wenn das und vieles andere nicht vorab geklärt ist, steuern Sie auf ein großes Zerwürfnis zu. Für dieses Vertragsgespräch brauchen Sie Mut, denn Ihre Gesprächsatmosphäre wird frostig werden, weil alles auf den Tisch kommt.«

»Ist das Ihr Ernst? Sie empfehlen so einen heftigen Vertrag? Das ist doch übertrieben. Wir waren uns bisher in allem einig!«

»Verträge sollten so klar und stark formuliert sein, dass sie in Zeiten, in denen Sie sich beide völlig überworfen haben – zum Beispiel weil Ihr Partner eine Affäre mit Ihrer Frau begonnen hat –, Bestand haben. Erklären Sie das Ihrem Partner vor Gesprächsbeginn. Akzeptieren Sie, dass er sich darüber aufregt, und geben Sie ihm Zeit, sich wieder abzuregen.«

Seit dieser Beratung sind bereits einige Jahre vergangen. Bei Konflikten stritten sich die beiden nicht, obwohl sie sich sehr unterschiedlich entwickelten, denn sie lasen erst einmal gemeinsam im Vertrag nach. Mal gefiel ihnen, was sie dort nachlesen konnten, mal gefiel es ihnen eher nicht. Aber das Projekt wurde zum Longseller und zu einer lukrativen Einnahmequelle für beide Player. Warum? Sie hatten einen brutal klaren Vertrag in guten Zeiten gemacht, der in schlechten Zeiten und bei emotionalen Verwerfungen Bestand hatte!

Fazit Herausfordernde Situationen und Konflikte mit Kolleginnen und Kollegen können Sie mit Fingerspitzengefühl und Peperoni-Schärfe gut lösen oder wenigstens deeskalieren. Im Umgang mit Chefinnen und Chefs kann das Ganze etwas brenzliger sein, weil das hierarchische Gefälle von Ihnen mitgedacht werden muss, in dem Sie unten angesiedelt sind und Ihre Leitung oben. Ihre Chefin oder Ihr Chef bewegen sich wiederum in ihren Führungszirkeln, die ebenfalls deren Entscheidungen prägen, etwa die Frage, ob man Sie unterstützen oder fallen lassen sollte. Wer diese Kommunikationswege antizipiert, ist klar im Vorteil. Aber schauen Sie selbst.

KAPITEL 3

Brenzlige Situationen mit Chefinnen und Chefs

Fallsituationen – Analysen – Empfehlungen

MEINE ERSTE CHEFIN war eine farbige Camaro-Fahrerin, die täglich mit ihrem roten Sportwagen auf das Gefängnisgelände bei Philadelphia fuhr und damit bei den testosterongeprägten Schlägern und auch bei mir mächtig Eindruck machte. Eine klasse Showeinlage, die bei den kriminellen Jugendlichen, die auf Sportwagen scharf waren, Respekt auslöste. Ganz nebenbei gab sie mir die richtigen Hinweise, um als »weißer Pygmäe« mit den inhaftierten Muskelbergen klarzukommen.

Später bekam ich in Deutschland einen einfach strukturierten Vorgesetzten, bei dem ich mich fragte: »Wie kommt der dahin?« Ein Vorgesetzter, der weder strategisch denken konnte noch zu Mitarbeitermotivation fähig war, sondern in seinem juristisch-administrativen Habitus als lebender Toter durch die Gegend lief. Man hätte ihn sofort feuern müssen! Das konnte man aber nicht, weil er eine formale Bauernschläue besaß und die Absicherung seiner Position beherrschte, ohne Rücksicht auf Verluste. Die Lieblingsfalle, in die dieser Chef einen tappen ließ, war ein Satz, den er mit treuem Hundeblick formulierte: »Geben Sie mir bitte einmal unter uns ein offenes Feedback zu meiner Arbeit.« Wer dann wenig Schmeichelhaftes andeutete, war für alle Zeit verloren. Ich fiel nicht darauf herein, war aber dadurch gezwungen, wohlwollende Worte für ihn aus meinem Mund zu pressen. Man war bei ihm immer in Lauerstellung, sodass das Vertrauen für informelle Abstimmungen bei schwierigen Themen völlig fehlte. Das erschwerte die Arbeit unnötig, denn mit informellen Abstimmungen lassen sich Konflikte dezent ausräumen.

Soll ich mir durch informelle Absprache den Vorteil verschaffen?

»Wir fusionieren und ich kenne unseren zukünftigen Chef aus meinem früheren Berufsleben. Wir waren mehrfach zusammen essen und sind per Du. Ich spiele mit dem Gedanken, ihn jetzt schon informell zu kontaktieren, um meine Zukunftsoptionen auszuloten, denn der Neue wird die größten Anteile bei dieser Fusion haben. Damit könnte ich mir einen Startvorteil verschaffen und dafür sorgen, dass ich im Rahmen der Neustrukturierungen nicht unter die Räder komme. Richtig?«

[Analyse] »Sie haben einen echten Wettbewerbsvorteil, dass sie den neuen Unternehmenschef von früher kennen und eine gute Beziehung zu ihm haben. Das ist ein Pfund, mit dem Sie wuchern können oder mit dem Sie untergehen, wenn Sie es falsch anstellen, denn kaum jemand mag Menschen mit Wettbewerbsvorteilen. Diese Beziehung kann Ihnen Chancen eröffnen oder als eine Art Vorteilsnahme gewertet werden, die Ihnen um die Ohren fliegt.«

[Empfehlung] »Entsprechend müssen Sie wohlüberlegt und eher zurückhaltend und auf keinen Fall forsch vorgehen, weil das viel zu aufdringlich und anbiedernd wirken würde. Ihr informelles Vorgespräch können Sie gerne führen, allerdings nur, wenn Sie das mit Ihrem jetzigen CEO abgestimmt haben, denn der wird nach der Fusion weiterhin mit an Bord sein und ein Wörtchen mitzureden haben. Schließlich hat er die Fusionsverhandlungen mitgeführt. Gibt er sein Okay, dann machen Sie es. Will er das nicht, dann lassen Sie es! Sonst sind Sie der Hinterfotzige, der in einer hochsensiblen Phase sein eigenes Süppchen kochen will und damit dem eigenen CEO in den Rücken fällt. Das mag niemand, weder Ihr jetziger CEO noch der zukünftige Mehrheitsanteilseigner, denn der sagt sich: ›Wenn er seinem alten Chef bei der Neujustierung in den Rücken fällt, dann wird er das später auch bei mir machen, wenn er darin einen persönlichen Vorteil sieht.‹ Damit wären Sie als karrieristischer Egomane verbrannt.«

Der jetzige CEO bat ihn, noch nicht aktiv zu werden, sondern abzuwarten, bis alles in trockenen Tüchern war und die Umstrukturierung begann. Er bedankte sich für die Offenheit, vor allem für das Einbeziehen in die informellen Kanäle. So wurde das Ganze zu einer vertrauensbildenden Maßnahme, die auch in Zukunft Bestand haben sollte.

Abstimmung statt Egomanie ist immer der nachhaltigere Weg. So viel Rücksicht ist aber nicht immer angezeigt, vor allem wenn man eine faule Socke über sich sitzen hat.

Mein Chef macht schlimmen Dienst nach Vorschrift

»Ich habe so etwas in meinem Berufsleben noch nicht erlebt: Mein jetziger Chef macht Dienst nach Vorschrift. Das Wort Innovation scheint auf seiner Hassliste ganz oben zu stehen, denn egal, was ich an vernünftigen Ideen vortrage, es wird abgebügelt. Dabei schaut er mich von oben bis unten an, als wenn er gerne sagen würde: ›Was will das Mäuschen?‹ Meine Kollegin nennt ihn einen der modernsten Männer des 19. Jahrhunderts, denn er ist komplett oldschool, und seinen Umgang mit mir empfinde ich als abwertend. Weniger arbeiten, alles abbügeln, das scheint sein Hauptziel zu sein. Dabei verhält er sich mit seinen 51 Jahren, als ob er kurz vor der Rente stehen würde.«

»Was Sie beschreiben, klingt bitter!«

»Stimmt, aber es kommt noch schlimmer! Mein Problem ist, dass auch sein Chef das erkannt hat und mir unter dem Siegel der Verschwiegenheit signalisierte, das Tempo anzuziehen, auch gegen den Willen der 51-jährigen Schlaftablette.«

»Verstehe ich das richtig? Sein Vorgesetzter bittet Sie, informell gegen Ihren direkten Chef zu arbeiten? Ohne offizielles Mandat? Ohne dass er selbst Ihrem Chef eine entsprechende Ansage macht? Denn das wäre seine Aufgabe.«

»Ja, genau so ist es. Das zeigt aber auch, wie mir unser oberster Chef vertraut!«

[Analyse] »Ihre Hoffnung in puncto Vertrauen ist naiv. Sie stecken gerade in einer gefährlichen Situation, denn man fordert von Ihnen Illoyalität Ihrem direkten Vorgesetzten gegenüber. Es wird von Ihrem obersten Chef ein Putsch mit Ihnen als Rädelsführerin forciert, ohne sich selbst dabei die Finger schmutzig machen zu müssen! Wenn der Putsch gelingen sollte, wird er Sie vielleicht fördern, vielleicht kritisiert er Sie aber auch als Königsmörderin, weil ihm das gerade strategisch in den Kram passt. Wenn der Putsch aber misslingt, werden Sie auf jeden Fall geopfert. Ist Ihnen das bewusst? Das ist ein toxisches Angebot und meine klare Empfehlung lautet: Nehmen Sie es nicht an! Damit kommen wir zum Hauptproblem und zur eigentlichen Herausforderung, weil Ihre Nichtannahme Ihren obersten Chef nicht vergrätzen sollte. Da ist Ihr Kommunikationsgeschick gefordert. Denn es ist nicht einfach, das hinzubekommen, aber es ist auch nicht unmöglich. Sie müssen nur die richtigen Worte finden, um Ihren Kopf aus der Schlinge zu ziehen.«

»Ich fühle mich mit der Situation sowieso unwohl und überfordert.«

[Empfehlung] »Erläutern Sie Ihrem obersten Chef unter vier Augen, dass er Sie in eine Situation bringt, die Sie am Ende den Kopf kosten kann, da sich Ihr direkter Vorgesetzter das nicht kampflos gefallen lassen wird. Fragen Sie Ihren obersten Chef, ob dieses Bauernopfer jetzt Ihre Rolle wird, und signalisieren Sie ihm, dass Sie diese Rolle notfalls erfüllen würden. Bitten Sie ihn aber um alternative Lösungsoptionen, weil Sie Illoyalität furchtbar finden. Diesen Hinweis wird Ihr oberster Chef gerne hören, denn Führungskräfte lieben Loyalität. Damit machen Sie deutlich, dass Sie das Spiel durchschauen, und mit Ihren offenen Worten signalisieren Sie Ihr Vertrauen in ihn plus Ihre Einsatzbereitschaft. Er wird darüber nachdenken und zu dem Schluss kommen, dass es schade wäre, Sie zu verheizen. Die naheliegende Option für ihn wäre jetzt – und auch das können Sie dezent anregen –, Ihren direkten Vorgesetzten zu versetzen oder, sensibler formuliert, mit ›neuen zukunftsweisenden Aufgaben‹ zu betreuen.«

Sie griff die Empfehlungen auf, bekam den Termin beim obersten Chef, erläuterte die Situation und stieß auf offene Ohren. Nein, in eine Lose-lose-Situation wolle er sie nicht bringen und der Loyalitätshinweis mache sie sympathisch, sagte der oberste Chef. Er werde sich etwas anderes überlegen und bedankte sich für ihre offenen Worte.

Im darauffolgenden Monat wurde die Abteilung neu zugeschnitten und um den Bereich »Innovation und Zukunft« ergänzt, der von einer Digitalspezialistin übernommen wurde, mit der sie gut zusammenarbeiten konnte. Sie war über diese Entwicklung erleichtert, denn die Neue hatte offene Ohren für ihre Belange. Die Gefahr, in einem Machtspiel zerrieben zu werden, war abgewehrt und ihren Schlaftabletten-Chef war sie los. Das alles war ein Verdienst ihrer wohlüberlegten Worte!

Solche Hierarchiespiele laufen unter dem Begriff »interne Firmenpolitik«, wenn zwischen Abteilungen oder Hierarchiestufen die Bälle hin- und hergeworfen werden. Vielen Führungskräften missfällt das, weil diese firmenpolitischen Interaktionen nicht inhaltlicher Natur sind und damit kein einziges Problem in der Produktion, im Vertrieb oder im Marketing lösen. Ohne strukturelle und informelle Kenntnisse über Ihre Firma werden Sie allerdings auch nichts bewegen. Die Minimalerwartung ist, dass Sie die formalen und informellen Machtspiele und Interaktionen verstehen, sie durchschauen und sich darin bewegen können, wie die Aufsteigerin im folgenden Fall.

Ich soll Veränderungen einleiten, aber ohne notwendige Befugnisse

»Ich habe eine zukunftsweisende Umstrukturierungsmaßnahme übertragen bekommen. Von unserer Hausspitze, inklusive mehr Gehalt. Allerdings ohne Befugnisse und ohne Sanktionsmöglichkeiten, wenn nicht mitgezogen werden sollte. Mein Auftrag lautet also: Ändere etwas – aber ohne dass ich das Werkzeug zur Änderung bekomme, sodass alles beim Alten bleiben wird. Es wirkt alles auf mich wie eine Show-Umstrukturierung, mit der man Modernität nur vorgaukelt, denn die reale Umsetzung würde für unseren Männerclub an der Spitze einen realen Machtverlust bedeuten und gewohnte Routinen beenden, was sie sicherlich nicht schätzen dürften. Daraus leitet sich mein Problem ab:

Ich komme nicht voran, renne von einer Wand gegen die andere und am Ende wird es heißen, ich wäre meiner Aufgabe nicht gewachsen gewesen, müsste daher auch gehen und alles bleibt beim Alten. Es ist zum Verrücktwerden!«

[Analyse] »Werden Sie nicht verrückt. Sie haben recht, die tun nur so als ob, um nach außen, etwa an Kunden und an die Presse, signalisieren zu können, sie würden modernisieren. Faktisch wollen sie es aber nicht. Die Hausspitze will ihr bequemes, komfortables und sehr lukratives Leben behalten und nicht durch Sie verlieren. Daher haben Sie auch keine Befugnisse. Sie sind damit eine *lame duck* mit schönem Titel, aber bedeutungslos und am Ende als Bauernopfer perfekt geeignet. Denn wenn später kritisiert wird, dass der Laden veraltet sei, dann können die auf Sie zeigen und sagen: ›Die Alte hat's nicht gebracht!‹ Die Schuldfrage ist damit an Sie delegiert. Genau für diese Opferrolle erhalten Sie Ihr besseres Gehalt. Es ist Schmerzensgeld. Das ist herrlich für die Hausspitze, aber schlecht für Sie.«

»Ihre Analyse ist entmutigend. Können wir das ändern?«

[Empfehlung] »Na klar. Sie müssen nicht in dieser Falle sitzen bleiben. Dieser Prozess der Stagnation trotz Ihrer Vorschläge zur Umstrukturierung läuft ja schon seit neun Monaten und nichts ist passiert. Daher machen Sie Folgendes: Sie verfassen ein Memo, in das Sie Ihre wichtigsten fünf Vorschläge zur Umstrukturierung schreiben. Fügen Sie hinter jeden Vorschlag das Datum ein, an dem Sie ihn in den Führungszirkel eingebracht haben. Dahinter schreiben Sie, von wem Sie welche Resonanz auf Ihre Empfehlungen erhalten haben. Das geht schnell, denn viel kam da ja nicht. Schreiben Sie in das Resümee, dass die Nichtumsetzung aus Ihrer Sicht zu keiner Verbesserung geführt hat und die Umstrukturierung so misslingt, weil der Führungskreis nichts entscheidet. Das schicken Sie an die Herrschaften und bitten um eine Einschätzung zu Ihrer Analyse innerhalb der nächsten sieben Tage. Die Führungscrew wird dieses Memo hassen, als Unverschämtheit empfinden und sich aufregen, weil es ihren Unwillen dokumentiert. Die werden sauer auf Sie sein, aber nun ist ihre Untätigkeit schriftlich dokumentiert. Letztlich kann es Ihnen egal sein, wie die reagieren, denn das Memo hat nur einen Grund: Sie abzusichern, denn zum Sündenbock kann man sie nun nicht mehr machen. Nach diesem Memo sind Sie nach außen die moderne Macherin, die von einer Gruppe alter weißer Männer ausgebremst wird. Nach innen gelten Sie bei den Betroffenen als Nervensäge. Vielleicht wird man aus Ärger versuchen, Sie abzuschießen, aber dagegen können Sie arbeitsrechtlich vorgehen und gutes Geld machen. Sie sehen, das ist alles risikobehaftet, denn Sie verlassen die Rolle des willigen Bauernopfers.«

Wenige Tage später wurde das Memo formuliert, dem CEO vorab zur Zustimmung vorgelegt, der den Braten roch und danach der Männergruppe mit dem Auftrag mailte, die entsprechenden Umsetzungsschritte nun zügig einzuleiten. Geht doch – wie immer, wenn es Ihnen gelingt, die Hausspitze für Ihre Anliegen zu gewinnen. Wenn Sie allerdings kein Interesse am Hickhack von Entscheidungsprozessen haben, dann schaden Sie sich am Ende selbst, so wie der Protagonist im nächsten Fall, der »dieses ganze firmenpolitische Gelaber« konsequent ablehnte.

Die interne Firmenpolitik interessiert mich nicht

Er ist Abteilungsleiter in der Projekt- und Geschäftsentwicklung eines Energieversorgers. Er erledigt seine Aufgaben professionell und ignoriert die Netzwerke, die Meinungsmacher im Unternehmen und das strukturelle Machtgefüge. »Wenn Sie mich nach meinem strukturellen Verständnis im Unternehmen fragen, dann möchte ich klar antworten: Nein, mit dieser ganzen Firmenpolitik und ihren strukturellen Verflechtungen möchte ich in meinem Berufsleben nichts zu tun haben. Das interessiert mich nicht. Ich will inhaltlich arbeiten, Probleme analysieren und zukunftsfähige Lösungen erkennen und umsetzen, um mich auf dieser Grundlage im Unternehmen weiterzuentwickeln.«

»Das finde ich nachvollziehbar und seriös. Und worum sorgen Sie sich?«

»Ich entwickle mich nicht weiter, trotz meiner Expertise.«

[Analyse] »Ihre Expertise ist großartig, Ihr Ehrgeiz ist motivierend. Ihr Desinteresse an der internen Firmenpolitik ist eine Provokation für die Politikmacher und ein Karrierekiller für Sie, denn bei ambitionierteren Führungsaufgaben werden Sie mit dieser Einstellung immer das Nachsehen haben, weil ambitionierte Einzelkämpfer wie Sie es schwer haben, beruflich weiterzukommen. Je höher Sie aufsteigen, desto komplexer und umstrittener werden die Themen, mit denen Sie es zu tun haben. Die werden Sie in ihrer Komplexität nie alleine lösen können. Spätestens dann brauchen Sie eine Gruppe von statushohen Supportern im Unternehmen, die Ihnen mit Rat und Rückendeckung zur Seite steht, wenn es brenzlig wird und Ihre guten Ideen auf der Kippe stehen.«

[Empfehlung] »Hören Sie auf, die Firmenpolitik zu ignorieren, denn gerade bei Energieversorgern spielt die Gesellschaftspolitik eine wichtige Rolle. Diese Rolle und die gegensätzlichen Interessen müssen Sie verstehen, wenn Sie sich in Ihrer Karriere weiterentwickeln wollen, um später selbst zum Entscheider zu werden. Aber ohne die jetzige Einbindung in ein Entscheidernetzwerk werden Sie Ihre Inhalte nicht durchsetzen können. Deswegen stockt Ihre Entwicklung. Dieses Netzwerk müssen Sie *jetzt* aufbauen, in einer Zeit, in der Sie es nicht brauchen. Wenn Sie erst um Ihr Netzwerk buhlen, wenn Sie Sorgen und Nöte haben, gelten Sie als berechnender Utilitarist und man zeigt Ihnen die kalte Schulter, egal wie sinnvoll Ihre Ideen sind. Es ist ganz einfach: Entweder Sie kapieren das oder Ihre Karriere wird zum Rohrkrepierer. Das entscheiden Sie!«

Seine Begeisterung hielt sich in Grenzen. »Ich muss mir erst einmal ein Bild machen, und das eilt auch nicht, denn im Moment steht nichts in puncto Karriereentwicklung bei mir an.«

Netter kann man nicht formulieren, dass man nicht gewillt ist, den Hintern hochzukriegen. Natürlich kann er so agieren, aber er sollte später nicht heulen, weil nichts klappt, denn erfolgversprechend ist seine Zögerlichkeit nicht.

Ich ignoriere den Tratsch und jetzt habe ich den Salat

»Ich bin ein wenig stolz darauf, den Tratsch in unserem Unternehmen komplett zu ignorieren. Ich halte mich da raus, sonst könnte ich mir gleich *Die Bunte* oder andere Yellow-Press-Illustrierte kaufen.«

»Natürlich, es bleibt Ihnen überlassen, sich nur aufs Berufsspezifische zu konzentrieren.«

»Es führt allerdings auch dazu, dass ich außen vor bin, wenig mitbekomme, was unter den Kolleginnen und Kollegen informell läuft, und manchmal trete ich versehentlich in Fettnäpfchen. Es kostet mich Zeit und Nerven, das dann wieder geradezubiegen.« Zum Beispiel löste es Missstimmungen aus, als sie ihrer Stellvertreterin zum Geburtstag einen Blumenstrauß schenkte, nicht wissend, dass sie auf Schnittblumen allergisch reagiert. Es kam, wie es kommen musste: Nach wenigen Minuten juckten und tränten ihrer Stellvertreterin die Augen und es stand der Verdacht im Raum, dass sie von der Allergie gewusst haben könnte und ihrer Stellvertreterin eins auswischen wollte. Dieses Missverständnis konnte sie nur mit Mühe abräumen. »Ja, das war schwierig, aber so etwas passiert mir nicht das erste Mal, sodass ich langsam das Gefühl bekomme, mir selbst mit meiner Ignoranz Steine in den Weg zu legen. Ich glaube, da muss ich ran.«

[Analyse] »Sie reduzieren Ihre Kolleginnen und Kollegen auf ihren Arbeitsbeitrag, ohne ein Mindestinteresse am Zwischenmenschlichen zu zeigen. Ihr Desinteresse an Gerüchten, Ränkespielen und informellen Regeln ist ein leichtsinniger Stolz, denn das Ignorieren von Tratsch und firmenpolitischen Verbindungen kann ungewollt Missstimmung auslösen, weil informelle Regeln missachtet oder Kolleginnen und Kollegen ungewollt vor den Kopf gestoßen werden. So bekamen Sie auch das Ehedrama und die Trennung Ihres Teamleiters nicht mit und fragten ihn an einem Montag ganz entspannt, wohin die beiden in den Urlaub fahren würden, obwohl seine Ex für ihn ein rotes Tuch war. In dieses Fettnäpfchen traten Sie unabsichtlich und das entschuldigt gar nichts, sondern unterstreicht nur Ihre Ignoranz am Leben der anderen.«

[Empfehlung] »Sie müssen sich nicht am Tratsch beteiligen, aber Sie sollten sich mindestens über die ›roten Tücher‹ Ihrer Kolleginnen und Kollegen sowie Vorgesetzten informieren, damit Sie zukünftig niemanden mit Blumen oder Urlaubsfragen kränken und sich auf diese Art Stück für Stück selbst versenken. Da man Sie mittlerweile als Exotin empfindet, sollten Sie Ihr berufliches Umfeld darüber informieren, dass Sie sich mit dem Informellen schwertun, und um Nachsicht bitten. Das entspannt die Situation und steigert das Verständnis der anderen für Ihr – höflich formuliert – zurückhaltendes Verhalten.«

Weil ich gut arbeite, passiert nichts, und das wird kritisiert

»Meine IT-Leistungen und meine digitale Expertise werden in unserem Leitungsgremium, dem ich angehöre, nicht wahrgenommen. Die meisten tun so, als gäbe es keine IT-Probleme, als gäbe es keine Gefahr von Hacker-Angriffen. Dabei sind diese in der letzten Zeit exorbitant angestiegen, wie man an den vielen Fällen in Deutschland verfolgen kann, die öffentlich geworden und nur die Spitze des Eisberges sind, denn das Dunkelfeld im Bereich Cyber-Kriminalität ist riesig. Trotzdem stoße ich mit meinen Mahnungen auf wenig Resonanz in unserem Entscheiderkreis und habe Teile von ihnen mit meinen Gefahrenwarnungen, die ich als notwendige Reaktion auf die expansiven Aktivitäten der Cyberkriminalität mit einer saftigen Budgetsteigerung unterfüttert habe, gegen mich aufgebracht. Jetzt habe ich den Ärger, aber kein Geld. Nächste Woche habe ich die Chance, das Thema ganz nach vorne zu bringen, weil unsere Eigentümergruppe dazustoßen wird, in der allerdings kein einziger ITler sitzt. Das fühlt sich für mich jetzt schon wie ein Misserfolg an.«

[Analyse] »Cyber-Menschen wie Sie gehen ihrem beruflichen Umfeld mit ihrem Catastrophizing auf den Geist. Ihre Untergangsszenarien stehen gleichzeitig in krassem Gegensatz zur gefühlten Realität, denn weil Sie gut arbeiten, passiert derzeit nichts! Keine Hackerangriffe, keine Netzstörungen, rein gar nichts! Ruhige See und kein Tsunami weit und breit in Sicht. Und obwohl nichts passiert, fordern Sie mehr Geld? Das ist im Leitungszirkel schwer zu kommunizieren, der sich primär aus Juristen und Betriebswirten zusammensetzt, die froh sind, wenn ihre digitale Kommunikation funktioniert. Ansonsten sind sie auf Ihrem Gebiet ahnungslos, sodass sie Ihre fachspezifischen Wortbeiträge nicht im Ansatz verstehen. Aus dieser Ahnungslosigkeit resultiert die Zögerlichkeit, die Sie verrückt macht. So wie Ihnen geht es vielen Menschen im Bereich der Inneren Sicherheit oder Cybersicherheit: Wenn die Security gut arbeitet, agiert sie präventiv so erfolgreich, dass nichts passiert. Nur dieses Nichts lässt sich schlecht verkaufen und noch schlechter kommunizieren. Die dahinterstehende Leistung wird kaum wahrgenommen und in ihrer Komplexität von den meisten Kolleginnen und Kollegen nicht erfasst.«

[Empfehlung] »Ihre Argumente im Kurzvortrag werden in der ›Entscheider- und Eigentümergruppe der Unwissenden‹ kaum zum Erfolg führen, weil denen unklar ist, ob das Vorgetragene in der Dramatik überhaupt stimmt. Entsprechend ist es präventiv notwendig, die Abstimmung, die dem Vortrag folgen wird, im Vorfeld positiv zu beeinflussen. Folgender präventiver Vorschlag, der einen Versuch wert ist.«

Sie hörte sich die Empfehlung an, denn mit Prävention kannte sie sich aus. Dann telefonierte die IT-Chefin im Vorfeld mit ihren drei loyalsten Mitstreitern in der Runde. Die hatten fachlich zwar auch keine Ahnung, aber sie vertrauten ihr: »Ich werde morgen in der Konferenz meine Ausführungen mit folgendem Satz beenden: ›Liebe Kolleginnen und Kollegen, das hat doch Perspektive!‹ Sowie ihr diesen Satz hört, meldet ihr euch zu Wort, belegt damit die ersten Plätze auf der Rednerliste und gebt positive Statements zu meiner Analyse ab.« Ihre Buddys stimmten zu und so geschah es in der Sitzung: Die ersten drei Feedbacks fielen wertschätzend aus. Diese positive Stimmung registrierten die Gremiumsmitglieder und zwei weitere schlossen sich an, bevor sich der erste Kritiker zu Wort meldete. Seine Kritik verpuffte wirkungslos angesichts der Mehrzahl positiver Statements und die Entscheidung fiel zu ihren Gunsten aus. So einfach geht es!

War dieses Vorgehen nun klug vorbereitet oder manipulativ? Oder beides? Was denken Sie über diese Präventionsstrategie, die auf informelle Vorabsprachen setzt? Das Ziel der IT-Chefin war es nicht, irgendeinen Transparenzpreis zu gewinnen. Ihr Ziel war es, einen guten Job zu machen, und das hieß, ihr Unternehmen sicherer aufzustellen mit dem Geld, das ihr das Gremium genehmigen sollte. Das ist ihr gelungen. Als Peperoni-Stratege bin ich stolz auf sie!

Er ist hoch qualifiziert, aber für den nächsten Sprung zu nett

»Er soll aufsteigen«, sagte mir seine Chefin. »In die nächste Hierarchiestufe und dann immer weiter. Das ist unser Plan. Sein Budget, sein Team, sein Aufgabenbereich, sein Gehalt – alles wird sich spürbar erweitern. Inhaltlich ist er hervorragend, deswegen pushen wir ihn. Aber es gibt Punkte, die uns zögern lassen, diesen Schritt mit ihm zu gehen.«

»Welche sind das?«

»Erstens: Die Ansagen, die er seinen Leuten macht, sind zu schwammig. Zweitens: Er zeigt zu höflich Grenzen auf, sodass seine Leute nicht ausreichend auf ihn hören. Drittens: Er kontrolliert nicht konsequent, ob seine Ansagen auch umgesetzt werden. Und viertens bin ich mir nicht sicher, ob ich an ihn unangenehme Aufgaben delegieren kann, auf die ich keine Lust habe, damit ich mich nicht mehr um diese stressigen Themen kümmern muss. Können Sie ihn so beraten, dass er das alles hinbekommt? Er ist in diesen Fragen zögerlich, aber er signalisiert auch Offenheit, die Themen anzugehen.«

[Analyse] »Er ist in seiner neuen Führungsrolle noch nicht angekommen und scheut sich, klare Ansagen zu machen. Er hofft, dass sein Team es ihm leichtmacht und von alleine, ohne seinen Führungshabitus funktioniert, denn das Kontrollieren ist ihm zu übergriffig, zumal er seine Team Members schon länger kennt. Er war bisher auch einer von ihnen und in dieser Rolle ein *Anweisungsempfänger* und er wird seine Zeit brauchen, zum *Anweisungsgeber* zu werden. Seine Verhaltensoptimierung wird gelingen, sollte er mindestens 5 Prozent Eigenmotivation mitbringen. Und diese 5 Prozent Bereitschaft hat er Ihnen bereits signalisiert, wenn ich es richtig deute.«

»Ja, das deuten Sie richtig.«

[Empfehlung] »Um auf dem Sprungbrett nach oben eine gute Figur zu machen, hat Ihr neuer Mann einiges umzusetzen.

- Seinen Mitarbeitern sollte er im Meeting eröffnen, dass er sich wegen seiner erweiterten Verantwortungsbereiche mehr in Richtung Chef verändern müsse, und sie sollten deswegen nicht irritiert oder sauer auf ihn sein.
- Seine Ansagen sollte er nur noch in kurzen Hauptsätzen formulieren ohne ›könntest du‹ oder ›würde ich schön finden‹. Klare, höfliche Ansagen mit einem präzisen Erledigungsdatum: ›Nächsten Dienstag ist der Entwurf bitte um 10.30 Uhr in meinem Posteingang.‹ Geschieht dies nicht, kommt am Dienstag um 10.31 Uhr seine Mahn-E-Mail an den Kollegen mit der Bitte, schnell zu liefern. Wenn er sich das Ganze auf Wiedervorlage legt, wird er seine Ermahnungen nicht vergessen. So rutscht nichts durch und es entsteht ein zuverlässiges Controlling, das auch für sein Gegenüber berechenbar ist und die Verbindlichkeit der gemeinsamen Absprachen erhöht.
- In puncto ›unangenehme Aufgaben von der Chefin übernehmen‹ soll er in den nächsten drei Monaten an herausfordernden Gesprächen mit Ihnen teilnehmen, um zu lernen. Später sollte er diese Gespräche selbst übernehmen.«

Da er seine Kolleginnen und Kollegen über sein neues Auftreten vorwarnte, verlief die Umsetzung leichter als erwartet. Er hatte Erwartungen bei seinen Kollegen geweckt, nämlich optimierter zu agieren, und die erfüllte er. Das war für alle berechenbar und Berechenbarkeit fördert Zufriedenheit. Seine Chefin war über die gelungene Optimierung erfreut. Sein Aufstieg konnte beginnen.

Bitte merken Sie sich: Wenn Sie sich verändern wollen oder müssen, dann teilen Sie Ihrem beruflichen Umfeld das im Vorfeld mit. Keine

Überraschungen, stattdessen klare Ansagen. Jeder, der will, kann sich nun bestens auf Sie einstellen.

Vor einer ähnlichen Herausforderung stand auch eine Akademieleiterin. Sie wollte sich klarer positionieren und deutlichere Ansagen an ihr Team machen. Kein »Könntest du vielleicht« oder »Würdest du eventuell«. Sie strebte eine schöne, klare, höfliche Kommunikation an.

Die verstehen nicht, wie ich mich verändere

»Ich verändere mich seit einiger Zeit, ich werde durchsetzungsstärker, weil ich finde, mit 40 ist die Zeit für diesen Schritt gekommen, zumal auch mein Aufgabenbereich wächst. Das ist doch der richtige Schritt, oder? Ich frage, weil mein Gefühl mir sagt, so wie ich bisher meine Veränderung umsetze, funktioniert das nicht. Mein Team schaut mich nämlich mit großen Augen an und fragt sich, was mit mir plötzlich los ist, nachdem ich die letzten zwei Jahre eher herumgeeiert habe.«

[Analyse] »Ihr Gefühl täuscht Sie nicht. Ihr Ansatz, sich klarer zu positionieren, ist richtig und überfällig. Es fehlt nur etwas Entscheidendes, damit Ihre neue Leitungsrolle funktioniert: Sie haben vergessen, Ihrem Team zu verraten, dass Sie sich ändern wollen und wie Sie sich verändern werden. Deswegen sieht Ihr Team derzeit eine Frau, die plötzlich anders tickt, ohne dass irgendjemandem klar ist, wohin die Reise mit Ihnen geht. Diese Unklarheit schafft maximale Verwirrung und daher starren die Sie mit großen Augen an.«

[Empfehlung] »Sagen Sie denen, dass Sie schneller auf den Punkt kommen wollen, dass Sie Ihre Vorstellungen klarer formulieren werden und dass Sie aufhören werden, die Kolleginnen und Kollegen mit Ihrem wolkigen Gerede zu verwirren. Entschuldigen Sie sich dafür, dass das am Anfang vielleicht ein wenig grob rüberkommen wird, Sie müssten das erst üben. Alle sollen zukünftig wissen, was Sie sich wünschen. Diesen Wünschen kann das Team zustimmen oder eigene

Ideen entwerfen und zur Diskussion stellen, um Lösungen zu finden. Gleichzeitig stellen Sie klar, wie man unkompliziert mit Ihnen im Berufsalltag klarkommen kann und worauf Sie allergisch reagieren, sodass es zum Konflikt kommen würde. Ihr Umfeld soll zukünftig genau wissen, woran es bei Ihnen ist. Ohne diese Transparenz kommt es, soziologisch formuliert, zu einem «anomischen Zustand», in dem Ihr alter Kommunikationsstil nicht mehr gilt, aber der neue Stil für das Team noch im Nebel liegt. Diesen Nebel gilt es zu lichten!«

Mein Chef reagiert empfindlich auf meine Kritik, obwohl ich den Bereich optimieren soll

Auf die Frage nach drohendem Ärger antwortete die Recruitment-Spezialistin: »Ärger droht mir durch die Kritikempfindlichkeit meines Chefs. Ich soll ihn einerseits auf Optimierungen hinweisen, andererseits fühlt er sich bei Vorschlägen angegriffen, weil das zu Optimierende in seinen Verantwortungsbereich fällt. Er tut so, als würde ich ihm seine Fehler unter die Nase reiben und Böses beabsichtigen. Ich habe keine Ahnung, wie ich mit dieser Situation umgehen soll, außer ich verzichte auf kritische Anmerkungen. Dann klappt's aber auch nicht mit den Optimierungen.«

[Analyse] »Die Reaktion Ihres Chefs überrascht, weil sich in Ihrem Unternehmen alle so locker geben und sich sogar mit dem CEO duzen. Was Sie beklagen, erscheint wie eine Paradoxie der Macht, denn je höher Menschen aufsteigen und je einflussreicher sie werden, desto empfindlicher – und eben nicht cooler – reagieren sie auf Kritik. Sie interpretieren sie als eine kleine Welle, die sich zum Tsunami auswachsen könnte. Deswegen versuchen sie, diese Kritikwelle sofort zu brechen, inklusive der Person, die die Kritik vorgetragen hat. Kritik missverstehen sie als das Infragestellen ihrer Fachkompetenz und als einen möglichen Versuch, ihre Macht zu beschneiden. Bei der Flughöhe, in der sich Führungskräfte bewegen, erscheint ihnen ein Absturz einfach zu schmerzhaft. Können Sie dieses Denken nachvollziehen? Das wäre gut, denn auf der Grundlage dieser Überlegungen können Sie die Situation entschärfen.«

[Empfehlung] »Signalisieren Sie als Erstes Ihrem empfindlichen Chef Ihre uneingeschränkte Loyalität, auch wenn das für Sie *old fashioned* klingen mag. Sagen Sie ihm, dass Sie Kritisches nie öffentlich vortragen werden, sondern bei kontroversen Themen das Vier-Augen-Gespräch mit ihm suchen, um gemeinsame Lösungen abzustimmen, die ihm zusagen und ihn gut dastehen lassen. Wenn er Ihnen dieses Bekenntnis abnimmt – und das wird er tun, wenn Sie es ehrlich meinen –, dann wird seine Kritikempfindlichkeit Ihnen gegenüber der Vergangenheit angehören, denn seine Machtverlustangst haben Sie damit ausgeräumt. ›Von ihr geht keine Gefahr aus‹, leuchtet diese Erkenntnis zukünftig wie eine Leuchtreklame in seinem Kopf!«

Die Spezialistin ließ sich darauf ein, auch wenn ihr der Loyalitätshinweis gewöhnungsbedürftig erschien, aber schon während des Austauschs mit ihrem Chef spürte sie seine Zufriedenheit. Zu Kritikgesprächen wurde sie zukünftig alleine in sein Büro gebeten. Diesen vertrauensvollen Umgang nahmen auch die anderen Mitarbeiterinnen und Mitarbeiter wahr. »Sie hat einen besonderen Draht zum Alten«, hieß es im Flurfunk. Sie war zufrieden, denn sie hatte ihr Dilemma mit dem Chef in einen Gewinn umwandeln können.

Kritikempfindlichkeit ist weitverbreitet, wird aber gut getarnt, denn Kritikoffenheit gilt heute als ein *Must have*. Die meisten Menschen mögen keine Kritik, auch wenn sie wissen, dass sich unangenehme Rückmeldungen nicht vermeiden lassen. Noch dazu müssen sie Dankbarkeit heucheln, weil die Kritik sie ja in ihrer Entwicklung weiterbringen soll. So weit die Theorie. Die Praxis sieht anders aus. Die meisten Menschen sind nicht dankbar für Kritik, denn zwischen der offiziellen Kritikoffenheit und der inoffiziellen Gekränktheit klaffen riesige Lücken. Sehr viele Leute sind beleidigt, selbst wenn eine Kritik berechtigt ist, und verärgert, wenn eine Kritik unangemessen erscheint. Das ist bei mir nicht anders. »Da haben Sie einen wichtigen Punkt angesprochen«, antworte ich meinen Kritikern, denke aber: »Den Scheiß hätte der sich auch sparen können oder glaubt der, dass ich den Fehler nicht längst selbst erkannt habe?« Nur dank meiner Teflonschicht, die ich mir über die Jahre aufgetragen habe, beeinflusst Kritik heute kaum noch meine Lebensfreude. Ich denke über Kritik kurz nach, verbessere gegebenenfalls ein paar Dinge und hake sie damit ab, ohne mich darüber aufzuregen, dass meine Kritikerin oder mein Kritiker das auch netter hätte formulieren können.

Bei der folgenden Betriebswirtin sieht das anders aus.

Ich nehme Kritik total persönlich

»Ich habe ein viel zu dünnes Fell. Ich nehme Kritik persönlich. Sie trifft mich – und in der jetzigen Situation besonders, denn ich habe einen großen Karrieresprung gemacht, unterstützt vom Vorstand. Aber einzelne Teammitglieder schwärmen total von meinem männlichen Vorgänger, weil der alles von der Pike auf gelernt hatte. Mich als neue Chefin kritisieren sie, weil ich es nicht von klein auf gelernt habe, sondern als Quereinsteigerin berufen wurde. Der Vorstand wollte diesen neuen Blick auf das Unternehmen. Den Mitarbeiterinnen und Mitarbeitern schmeckt das nicht, denn die drehen sich in der Vergangenheitsschleife mit dem alten Chef. ›So einen wie den gibt's nie wieder‹, sagte mir gerade eine Kollegin. Mich verletzt das, weil es mir das Gefühl vermittelt, dass ich hier unerwünscht bin.«

[Analyse] »Ihr Gefühl ist richtig: Man will Sie nicht, man liebt Sie nicht. Sie repräsentieren das unbekannte Neue. Sie sind nicht wie der alte Chef. Sie sind jung, Sie sind eine Frau und eine Quereinsteigerin. Ihre Anstellung signalisiert den alten Mitarbeiterinnen und Mitarbeitern, dass das Alte nicht mehr ausreicht oder vom neuen Wind vielleicht sogar weggeweht wird. Die Routine der alten, in der sich alle schön eingerichtet haben, die hat sich mit Ihrer Einstellung erledigt.«

[Empfehlung] »Einen Beliebtheitspreis werden Sie in Ihrem neuen Job nicht gewinnen. Warum auch. Lassen Sie sich von Ihren

Haustieren, Ihrem Mann und von mir aus auch von Ihrer Schwiegermutter lieben, aber bitte nicht von Ihren Kolleginnen und Kollegen. Da reicht es, wenn man Sie am Jahresende als kompetent, fordernd und fair empfindet. Für die Vergangenheitsbewältigung sind Sie nicht zuständig und die Schwärmerei für Ihren Vorgänger hat etwas Romantisches, das Sie den anderen gönnen sollten, gerade weil diese alte Liebe zerronnen ist. Es ist also völlig überflüssig, die Vergleichskritik mit Ihrem Vorgänger an sich heranzulassen. Besser ist es, Sie gehen auf das Gerede ein und fragen nach: ›Was würden Sie mir empfehlen? Wie würden Sie mich briefen? Was macht in Ihren Augen jetzt Sinn?‹

Nehmen Sie die guten Vorschläge ernst und setzen Sie sie um. Bedanken Sie sich auch für dumme Vorschläge der wichtigtuerischen Vollidioten – und setzen Sie sie einfach nicht um. Kritik an Ihnen verliert für Sie in dem Moment an Bedeutung, in dem Sie sich selbst mit einem Augenzwinkern erhöhen, während Sie Ihr nerviges Gegenüber auf Zwergenformat schrumpfen lassen. Nach außen Ernsthaftigkeit, im Inneren den Mittelfinger zeigen – das ist die Basis für die Teflonschicht, die Sie jetzt brauchen, bis man sich an die Neue gewöhnt hat, und das wird dauern. Vielleicht werden Sie sogar auf dem Weg dorthin die einen oder den anderen Dauernörgler feuern müssen, um Ruhe in den Laden zu bekommen. Das hindert Sie nicht daran, Kritikwürdiges zu optimieren. Ansonsten folgen Sie der Regel: ›Kritik an Ihnen bedeutet nur, dass die Schönheit Ihres Handelns noch nicht von allen erkannt wurde!‹ Mit dieser ›fürsorglichen Arroganz‹ zeigen Sie sich selbst gegenüber die Nachsicht, die Sie verdienen. Dieses Mindset erhöht Ihren Coolness-Faktor – und den werden Sie gut gebrauchen können. Denn kritisches Gerede wird es immer geben, völlig egal, was Sie tun oder was Sie unterlassen. Es geht um Ihr strategisches Gespür und Ihre Fähigkeit, so zielgerichtet und geschickt mit Menschen den richtigen Ton zu treffen, dass diese Ihre Pläne mittragen oder wenigstens nicht gegen Sie arbeiten. Dieser Ton kann sehr empathisch, aber auch sehr aggressiv sein.«

Herr Wichtig, die Führungskraft aus dem nächsten Beispiel, hat das leider noch nicht realisiert. Sein Auftritt ist zum Fremdschämen.

Herr Wichtig zeigt mir, wo der Hammer hängt!

»Ich zeige Ihnen heute einmal, was ich hier alles aufgebaut habe! Alles läuft hier wie am Schnürchen. Meine Hierarchie hilft allen zu verdeutlichen, auf was wir uns wann fokussieren. So bündele ich die Prozesse und die Power in unserem Unternehmen. Dabei hört alles auf mein Kommando.«

Der promovierte Eigentümer aus der Medizinbranche lacht, während er das erzählt, und er lässt bei meinem Besuch die Puppen tanzen und zeigt, wer der Herr im Haus ist, während er mich stolz durch seine Firma führt. Es ist beeindruckend, was er geschaffen hat!

»Wir erwirtschaften gute Gewinne. Unsere Produkte passen in die Zeit. Wir expandieren und hier liegt mein Problem, denn ich brauche mehr qualifiziertes Personal, stattdessen habe ich Abgänge zu beklagen, obwohl ich hier alle zum Erfolg führe.«

Wir besichtigen weiter und im Vorbeigehen kanzelt er einen Mitarbeiter ab, sodass es alle mitbekommen: »Sie sollten endlich mal liefern, aber ich komme nachher noch mal auf Sie zu. Ich muss jetzt erst mal den Professor betreuen.« Ein unangenehmer Moment für mich. Der »kleine Mitarbeiter« wird gedeckelt, der »große Professor« hofiert. Ich ahne nichts Gutes.

[Analyse] »›Herr Wichtig‹ verliert qualifiziertes Personal, denn er hat nicht begriffen, dass sich der Charakter einer Führungskraft am Umgang mit den Statusschwächeren messen lässt. Diesen Charaktertest hat er nicht bestanden und so ist es auch kein Wunder, dass sein Unternehmen eine hohe Fluktuation auf der unteren und mittleren Ebene aufweist. Kein Respekt, keine Wertschätzung, keine flachen Hierarchien, nicht einmal einen Hauch von New Work. Das hat keine Zukunft. Herr Wichtig ist ein Auslaufmodell mit Erfolg, ein Relikt aus einer vergangenen Epoche, in der Arbeitnehmerinnen und Arbeitnehmer abhängiger und weniger selbstbewusst waren. Nicht sein Team muss beraten werden – wie er es wünscht –, sondern es wird Zeit, seinen autoritären Führungsstil ad acta zu legen. In Hamburg sagt man in so einem Fall: Der Fisch stinkt vom Kopf her.«

[Empfehlung] »Darf ich offen mit Ihnen sprechen?«

»Ja, natürlich.«

»Aus meiner Sicht muss sich nicht Ihr Team verändern, sondern Sie müssen Ihren Führungsstil modernisieren in eine Richtung, in der nicht Mitarbeiterinnen oder Mitarbeiter vor versammelter Mannschaft runtergeputzt werden. Weniger Autorität, mehr Wertschätzung kann ein Schlüssel sein, Ihre Fluktuation im Unternehmen in den Griff zu bekommen.«

Für diesen Ansatz hatte er kein offenes Ohr, weil er sich für großartig hielt und sein derzeitiger Erfolg ihm Recht gab. Er war geradezu beleidigt – was typisch ist für eine Führungspersönlichkeit, die sich in ihrem Narzissmus für den Nabel der Welt hält. Wir kamen nicht zusammen.

Manche Chefs sind keine Herausforderung, sondern eine Zumutung. Dann bedarf es keiner pragmatischen Beratung, dann hilft nur die Flucht in einen neuen, besseren Job, der Rückzug in den Dienst nach Vorschrift, der sich wie ein fauler Kompromiss anfühlt, oder die Akzeptanz des Elends – eine Option, die ich jedoch niemandem empfehlen würde. Natürlich würde ich in so einem Fall die Wechseloption empfehlen, aber das ist oft leichter gesagt als getan. Diese kann mit einem Ortswechsel verbunden sein, der auch Kinder und Partner dazu zwingen würde, das bisherige Leben aufzugeben, um etwas Neues zu wagen. Und eine Glücksgarantie im neuen Job gibt es auch nicht. Nur eines ist sicher: Narzisstische Führungskräfte ändern sich niemals. Verschwenden Sie darauf keine Hoffnung!

Spannend wird es, wenn ein Herr Wichtig auf jemanden trifft, der noch wichtiger ist. Dann heißt es plötzlich kleine Brötchen backen.

Von ihrer Coolness kann ich lernen

»Ich habe Sie auf dem Fachkongress im Berliner Congress Center gehört. Kommen Sie doch zu mir in die Firmenzentrale und präsentieren Sie Ihre Überlegungen meinem Führungsstab.«

Gesagt, getan. Aber bereits nach wenigen Minuten meines Vortrags in ihrer Firmenzentrale unterbrach mich eine ihrer Führungskräfte und äußerte grundsätzliche Skepsis an meinen Ausführungen, ohne dass ich meine Gedanken überhaupt hatte entfalten können. Bevor ich etwas erwidern konnte, drehte sich meine Gastgeberin kurz zu ihm hin und flüsterte ihm zu: »Schön, dass Sie eine Meinung hier zum Besten geben, an der ich kein Interesse habe.« Dann nickte sie mir zu und signalisierte mir fortzufahren, ohne weiter auf ihn einzugehen. Meine Ausführungen konnte ich in Ruhe zu Ende bringen.

[Analyse] Sie ist Eigentümerin des Unternehmens, lange im Geschäft und mit allen Wassern gewaschen, denn sie hat sich über Jahre gegen Konkurrenten und Übernahmeversuche erfolgreich zur Wehr gesetzt. Und sie beherrscht den Umgang mit männlichen Wichtigtuern, für die es typisch ist, nicht gerne zuzuhören, weil sie es nicht ertragen, nicht im Mittelpunkt zu stehen. Dabei hatte ihn die Eigentümerin schon zu ihrer Rechten platziert, um ihm das Gefühl von Bedeutung zu geben. Dass er ihrem Gast trotzdem sofort in die Parade fuhr, missfiel ihr sichtlich und deswegen wurde er zurückgepfiffen.

[Empfehlung] »Ich habe keine Empfehlung für Sie, nur Bewunderung für Ihr Standing. Ich ziehe den Hut und würde mir wünschen, dass sie als Grand Dame Ihre Expertise an aufsteigende Frauen weitergeben!«

Innovation riecht für mich nach Ärger

Dem General Manager Strategic Business Development schmeckte es gar nicht, dass seinen innovativen Bemühungen einige Steine in den Weg gelegt wurden.

»Ich bin stolz, dieses innovative Projekt verantworten zu dürfen. Mir ist aber auch flau im Magen. Ich habe ein mulmiges Gefühl, das ich nicht zuordnen kann, als würde ich einen wichtigen Aspekt übersehen. So ein Gefühl habe ich auch manchmal, wenn ich auf Dienstreise gehe. Da weiß ich im Taxi zum Flughafen, dass ich irgendetwas vergessen habe, nur was, das fällt mir nicht ein. Am Zielort bemerke ich das fehlende Aufladekabel meines Laptops. Dann ist es aber zu spät. So einen Fehler möchte ich bei meinem neuen Projekt vermeiden. Aber vielleicht spinne ich auch nur ein bisschen …«

[Analyse] »Sie spinnen nicht. Das mulmige Gefühl ist berechtigt, denn Innovationen haben immer die 50-prozentige Chance zu scheitern. Diese Angst vor dem Misserfolg begleitet Sie, weil Sie Neuland betreten. Sollten Sie die Innovation in den Sand setzen, dann werden Sie als Verantwortlicher den Kopf hinhalten müssen. Das ist ungerecht, aber Realität. Sie erhalten den innovativen Auftrag, weil man an Sie glaubt. Sie arbeiten bis zum Anschlag, probieren alles aus und am Ende bekommen Sie die Schuld, wenn es nicht klappt. Daher darf Ihnen ruhig flau im Magen sein.«

»Das klingt nicht ermutigend.«

[Empfehlung] »Es ist realistisch. Willkommen im Club derer, die Verantwortung tragen. Ihre Lektion lautet in Ihrer neuen Rolle: Vor der Innovation kommt die Absicherung, sollte Ihnen Ihre Karriere wichtig sein. Eine Absicherungsoption sieht so aus: Sie lassen sich von Ihrer Leitung folgenden Wortlaut, möglichst schriftlich, bestätigen: ›Wenn die Innovation klappt, dann feiern wir gemeinsam. Wenn sie misslingt, verlieren wir gemeinsam!‹ Sollten Sie diese unorthodoxe Bestätigung nicht erhalten, trotz Ihrer freundlichen Bitte, dann ist eines klar: Man möchte auf Sie als potenziellen Schuldigen nicht verzichten. Daher vermitteln Sie Ihrer Leitung hartnäckig, aber nicht unhöflich, dass Ihnen diese Absicherung wichtig ist, und erschweren Sie es ihr damit, Sie nonchalant abzuweisen.«

Die Leitung war über seinen Wunsch im ersten Moment irritiert, denn so etwas kannte sie nicht. Sie gab ihm nichts Schriftliches, aber versicherte während einer gemeinsamen Sitzung in großer Runde, dass alle zusammenstehen würden. Der Protagonist formulierte eine entsprechende Gesprächsnotiz, die er im Nachgang an die Mitglieder der Runde schickte, mit dem schönen Schlusssatz: »Danke für euren Support, der mich freut!« Wer mag so viel Freude widersprechen? Die Schuldfrage lag mit diesem öffentlichen Statement auf allen Schultern. Die Angst und der flaue Magen wurden beruhigt, die Motivation wurde gepusht und die Kräfte freigesetzt. Mehr geht nicht!

Innovationen haben ihre Tücken. Immer! Das ahnte auch der Leiter des Logistikbereichs eines mittelständischen Transportunternehmens.

Ich bin in heikler Mission unterwegs

»Ich übernehme am 1. Januar eine weitere Sparte, in der es holpert. Spezialauftrag vom Eigentümer. Ich soll klar Schiff machen und natürlich nach oben berichten. Cool, nicht wahr?«

»Ja, das ist cool. Der Eigentümer hat Vertrauen in Ihre Fähigkeiten – und die sollten Sie nicht enttäuschen.«

»Wie meinen Sie das?«

[Analyse] »Spezialaufträge bekommt, außer Ihnen, nur James Bond, weil seine besonderen Fähigkeiten gebraucht werden. So wie jetzt Ihre gebraucht werden. Sie haben nicht die Lizenz zu töten, aber Sie sollen klar Schiff machen und den Kahn wieder auf Kurs bringen. Das heißt, Sie sollen nicht nur die Mitarbeiterinnen und Mitarbeiter in die vom Eigentümer gewünschte Richtung drängen, egal ob die wollen oder nicht. Es heißt auch, gefährliche, vielleicht sogar illegale Güter, die unter Deck liegen, geräuschlos zu entsorgen, um so Schaden vom Unternehmen und dem verantwortlichen Eigentümer abzuwenden. Vielleicht werden Sie während dieses Prozesses sogar zum Mittäter, weil Sie unschöne Dinge verschwinden lassen müssen. Die Chance, in ein moralisches Dilemma zu geraten, ist groß und ich wünsche Ihnen, dass das nicht passiert.«

[Empfehlung] »Sie sind jetzt in heikler Mission unterwegs und Ihnen wird Zweifelhaftes begegnen. Berichten Sie Ihre kritischen Erkenntnisse in Ihrer neuen Sparte nur direkt an den Eigentümer und nur unter vier Augen. Der wird Ihnen dann schon sagen, was Sie im Betrieb öffentlich machen sollen.«

»Warum denn so ein Vier-Augen-Getue?«

»Weil Ihr Boss in der Vergangenheit für diesen Bereich verantwortlich war, der problematisch verläuft. Er hat jetzt interveniert, indem er Sie eingesetzt hat. Vielleicht zu spät. Wenn Sie in Sitzungen oder gegenüber der Presse öffentlich von der bisherigen Fehlentwicklung und deren Ausmaß berichten, schädigen Sie Ihren Boss, der Sie ja gerade fördert, und schaden dem Unternehmen. Das wäre sehr kontraindiziert und ziemlich dumm – oder wie sehen Sie das?«

»Könnte sein, aber meinen Sie, es geht um derart Dramatisches?«

»Das weiß ich nicht. Harmlos klingt es nicht und kein Chef hat Interesse, sich die Fehler der Vergangenheit aufs Brot schmieren zu lassen. Als Überbringer problematischer Nachrichten laufen Sie Gefahr, geköpft zu werden oder als Sündenbock herzuhalten. Aber wenn Sie das anders sehen, dann probieren Sie es aus. Hauen Sie ihm im Meeting Ihre Fehleranalysen um die Ohren – und beobachten Sie danach Ihren langsamen Untergang. Jammern Sie dann aber bitte nicht über die böse Business-Welt, denn das hätten Sie vermeiden können!«

Seine Skepsis blieb bestehen und er schlug vor, seinen Boss einfach einmal zu fragen, wie der es gerne hätte. Das war eine gute Idee! Die Antwort lautete: »Komm erst einmal mit dem, was du an Kritischem entdeckst, zu mir.« Genau so wurde es umgesetzt und eine vertrauensvolle Kommunikation der beiden bei spannungsreichen Themen begann.

An konfliktfreier Kommunikation arbeitete auch der Chef einer mittelständischen Firma.

Trotz meiner transparenten Ansagen geht nichts voran

»Ich bin schon ein bisschen verzweifelt«, sagte er. »Viele verzögern in meinem Verantwortungsbereich die Umsetzung der umfassenden Digitalisierung. Es fallen Sätze wie ›Das sollten wir in einer Arbeitsgruppe nochmal vertiefend abklären‹. Nichts geht voran! Ich mache mir Vorwürfe, weil ich nicht in der Lage bin, die Mannschaft zu motivieren, denn eigentlich sind es gute Leute. Aber es gelingt mir nicht. Dabei wissen alle, dass wir uns in Teilen neu aufstellen müssen! Auf mich wirkt es, als würden plötzlich alle Dienst nach Vorschrift machen. Da zündet kein Turbo. Ich bin ratlos.«

[Analyse] »Sie sind ein sympathischer und fairer Chef. Das kommt auch bei Ihren Mitarbeiterinnen und Mitarbeitern an. Nur in der jetzigen Situation hilft das nichts, weil Sie etwas im Unklaren lassen, das wie ein Betonklotz an den Beinen Ihrer Leute hängt.«

»Was lasse ich denn im Unklaren? Mehr Transparenz geht nicht.«

»Das Wichtigste lassen Sie im Unklaren! Alle in Ihrem Unternehmen warten auf eine Arbeitsplatzgarantie, denn alle befürchten, wegen der anstehenden Digitalisierung freigesetzt zu werden. Deswegen finden Sie niemanden, der an seinem eigenen Grab schaufeln und die neuen Prozesse umsetzen will. Ihre Leute sind ja nicht doof!«

[Empfehlung] »Wenn ich Sie richtig verstanden habe, wird die Digitalisierung zu neuen Strukturen, aber nicht zu Verschlankungen führen. Deswegen teilen Sie allen mit: ›Ihr werdet eure Positionen behalten, ihr schafft euch nicht selbst ab. Versprochen!‹ Diese Garantie wird den Turbo zünden. Ohne diese Garantie macht keiner den Finger am Abzug krumm, denn es könnte ihn ja selbst treffen.«

In der folgenden Betriebsversammlung wurde das Arbeitsplatzversprechen gegeben. Innerhalb von zwei Wochen gab es den erhofften Produktivitätsschub. Warum? Die Mitarbeiterinnen und Mitarbeiter konnten befreit das Beschlossene umsetzen, ohne die Angst im Nacken zu haben, alles verlieren zu können. Es gilt die Regel: Ohne klare Perspektive und ohne Survival-Garantie werden Innovationen nur zögerlich bis gar nicht umgesetzt.

Ich bin empathisch, aber nicht naiv!

»Empathie ist für mich eine wichtige Managementkompetenz«, sagt die Prozessspezialistin. »Sie bedeutet, dass ich mich in das Verhalten meines Gegenübers hineinversetzen kann. Auch wenn es irrational, destruktiv oder schlicht bescheuert ist. Es bedeutet aber nicht, dass ich dieses Verhalten gutheiße, vor allem nicht, wenn es meine oder die Firmenziele konterkariert, wie bei diesem Kollegen, der alles dransetzt, meine Bahnen, die ich im Leitungsgremium abgestimmt habe, zu stören. Die Empathie hilft mir, ihn zu durchschauen, aber sie bringt mich nicht dazu, Verständnis für sein destruktives Handeln zu entwickeln.«

[Analyse] »Empathie ist gut und wichtig, solange sie nicht genutzt wird, Fehlverhalten schönzureden. Peperoni-Strateginnen und -Strategen wie Sie glauben daher an ihre Selbstverantwortung und ihren Gestaltungswillen. Sie erwarten keine Hilfe von Kollegen und Chefs, freuen sich aber, wenn sie Support erhalten. Sie erwarten keine Hilfe vom Staat oder von den wohlhabenden Eltern, wie der Artdirektor, der sich mit seiner Mutter überwarf, weil diese ihm ›nur‹ 100.000 Euro vom Erbe vorab auszahlen wollte. Mehr Wohlstandsverwahrlosung geht nicht. Peperoni-Strateginnen und -Strategen nutzen ihre eigenen Potenzen. Statt zu lamentieren, packen sie an. Statt duldsam zu sein, machen sie Tempo. Statt Schuldfragen favorisieren sie Positivanalysen. Statt Vergangenheitsbewältigung setzen sie auf Zukunftsperspektiven.«

»Ja, genauso ticke ich.«

[Empfehlung] »Bleiben Sie zu 80 Prozent ein feiner und empathischer Mensch, also seriös, fair, ökologisch, gewerkschaftsfreundlich, aber ergänzen Sie dieses Gutmenschentum um 20 Prozent Biss-Potenzial: Paprikasüße erhalten die in Ihrem Umfeld, die es gut mit Ihnen meinen. Die Peperonischärfe wird für Ihre Gegenspielerinnen und Gegenspieler, wie diesen destruktiven Kollegen, aufbewahrt, weil die Ihnen das Berufsleben schwer machen. Dieses Persönlichkeitsprofil hilft Ihnen in guten wie in schlechten Zeiten!«

»Okay, dann werde ich meinem Konfliktpartner ganz empathielos die Grenzen aufzeigen. Möglichst so verpackt, dass der Konflikt nicht weiter hochkocht!«

»Perfekt!«

Ich werde ungerecht bewertet

»Wir hatten uns vor ein paar Monaten ausgetauscht. Erinnern Sie sich?«

»Ja, aber nicht im Detail. Helfen Sie mir auf die Sprünge.«

»Der Druck durch meinen Abteilungsleiter war zu der Zeit extrem. Seine Bewertung meiner Leistung eine Farce. Sein hierarchischer Habitus und seine Lust, mich als Frau und Mutter mit Kinderpflichten zu deckeln, waren krass. Mein Selbstbewusstsein rauschte deswegen in den Keller. Ich fühlte mich hilflos, wie ein Opfer!«

[Analyse] »Sie sind in einer Branche aufgestiegen, in der bisher fast nur Männer tätig waren, so wie Ihr Abteilungsleiter, der sich durch aufstrebende Frauen geradezu belästigt fühlte und den falschen ›erzieherischen‹ Anspruch hatte, Ihnen zu verdeutlichen, dass Sie in dieser Branche nichts verloren haben. Und weil Sie das nicht verstehen und stattdessen sogar von oben gefördert werden, versuchte er, Ihnen Ihre ›Fehlentscheidung‹, dort zu arbeiten, mit immer drastischeren Formulierungen einzuhämmern.«

»Ja, genau so war es.«

»Aber wir hatten ja Ideen, wie wir diesem Spuk ein Ende bereiten wollten.«

[Empfehlung] »Mich überrascht es immer noch, dass ich mich getraut habe, Ihre Empfehlung umzusetzen und die graue Eminenz unserer Behörde um Hilfe gegen diesen Vorgesetzten zu bitten. Das war Gold wert, denn unsere graue Eminenz war über den frauenfeindlichen Umgangsstil meines Chefs *not amused*, zumal wir im letzten Jahr als familienfreundlicher Betrieb ausgezeichnet wurden. Jetzt schlägt das Pendel neu aus. Mir wird durch das entgegengebrachte Verständnis der grauen Eminenz Druck von den Schultern genommen und mein Abteilungsleiter bekommt die volle Last der Kritik an seinem unzeitgemäßen Verhalten zu spüren, zumal sich jetzt auch endlich der Personalrat gegen ihn positioniert, der bisher eher passiv agiert hatte. Rückendeckung zu erfahren ist schön, weil ich mich nicht mehr als Opfer fühle, sondern als eine Frau, deren Belange ernst genommen werden. Und das alles nur, weil wir an ein paar Stellschrauben gedreht haben und ich die graue Eminenz, also in meinem Fall den Senior-Chef, für mein Anliegen gewinnen konnte!«

»Das Leben kann so einfach sein – wenn man weiß, wie!«

Das Leben muss aber nicht einfach sein, wie der folgende Fall zeigt.

Ich wurde ihm zur Seite gestellt, gegen seinen Willen

»Ich bin neu im Führungskreis und habe in unserem traditionellen Unternehmen weniger zu melden als die alten Hasen. Als IT-Security-Expertin soll ich meinem Vorgesetzten direkt zuarbeiten, der in vielen Themen hoch qualifiziert ist, nur nicht in Fragen der Cybersicherheit. Er signalisiert mir, dass er über meine Hilfe nicht begeistert ist und die Idee zur Zuarbeit auch nicht von ihm stammt, sondern von oben diktiert wurde. Er tut so, als würde ich ihm mit meinen Vorschlägen in den Rücken fallen. Ihm missfällt die Konstellation, denn ich spiegle ihm seine eigene Inkompetenz, auch wenn das nicht meine Absicht ist. ›Mit Ihnen schließen wir eine Lücke in diesem Bereich‹, hieß es bei meiner Einstellung. Mein Vorgesetzter empfindet das als Affront.«

[Analyse] »Das empfindet er zu Recht, auch wenn es klug von der Leitung war, Ihre Expertise einzukaufen. Aber gute Ideen begeistern nicht alle, vor allem nicht diejenigen, die erkennen müssen, dass sie in diesem Punkt versagt haben. Ich verstehe, dass Ihr Vorgesetzter gegen Sie ist, da er Sie als seine ›IT-Aufpasserin‹ wahrnimmt, die ihm im Nacken sitzt. Das ist keine schöne Rolle für Sie, denn wenn Sie diese Rolle nicht seriös erfüllen, haben Sie demnächst auch den CEO gegen sich, weil der Sie eingestellt hat, um offensichtliche Sicherheitslücken zu schließen. Damit stecken Sie in einer Lose-lose-Situation, da ihr CEO etwas will, was ihr direkter Vorgesetzter torpediert.«

»Genau das macht mir Bauchschmerzen.«

[Empfehlung] »Bitten Sie den CEO, Sie offiziell zu beauftragen, die Sicherheitslücken zu schließen, und Ihrem Vorgesetzten zu sagen, dass das seinen Verantwortungsbereich erfolgreicher machen wird – und damit auch ihn. Optimal wäre folgende Klartext-Formulierung an Ihren Chef durch Ihren CEO: ›Ihr Erfolg ist auch dein Erfolg. Scheitert sie, scheiterst auch du!‹«

Der CEO war über den Vorschlag amüsiert und setzte ihn um. Der direkte Vorgesetzte war danach mit einem Murren an ihrer erfolgreichen Arbeit interessiert. Die IT-Expertin empfand er immer noch als Zumutung, aber auch als nützlich für seine eigene Karriere und als hilfreich für sein Standing beim CEO. So wurde aus einem Gegeneinander eine Win-win-Situation.

Ich erlebe Bossing, weil ich älter bin – und teurer

»Der Umgang mit mir ist krass, extrem, mir fehlen die Worte. Mein Dienstwagen wird gegen eine Schrottmühle eingetauscht, mein großzügiges Büro wird durch eine Art Besenkammer ersetzt und mir werden Aufgaben mit einem derart engen Zeitlimit gestellt, dass diese nicht zu lösen sind. So soll ich einen Termin um 9.15 Uhr in Düsseldorf wahrnehmen und den nächsten um 11.45 Uhr in Münster.«

[Analyse] »Ihre neue Unternehmensleitung will Sie zur Kündigung bewegen, auch gegen Ihren Willen. Machen Sie sich keine Illusionen. So etwas geschieht nach Eigentümerwechseln immer wieder, was die Situation für Sie natürlich nicht tröstlicher macht.«

»Aber warum? Ich mache seit zwei Jahrzehnten einen guten Job und meine Performance war der Grund für meine Beförderung vor drei Jahren.«

»Weil Sie Ende fünfzig sind, weil Sie einen hoch dotierten Vertrag haben, der noch vier Jahre läuft, und weil man Sie jünger und günstiger ersetzen will, um Geld zu sparen. Aber dafür muss man Sie loswerden. Deswegen bekommen Sie jetzt die neuen statusniedrigen Aufgaben, die nicht zu Ihrer bisherigen Position passen und die Sie im Unternehmen lächerlich dastehen lassen. Daher hat man Ihren schwarzen Audi A6 gegen einen gebrauchten Twingo eingetauscht. Deswegen redet die Leitung schlecht über Ihre Leistung oder gibt Ihnen Außentermine, die Sie zeitlich nicht einmal im Porsche schaffen würden, nur um Sie danach mit Ihrem schlechten Zeitmanagement zu konfrontieren. Deswegen haben Sie das neue Minibüro erhalten, in das keiner will, weil es neben den alten Klos liegt. Und noch eine weitere schlechte Nachricht habe ich für Sie: Von diesen beruflichen Erniedrigungen werden Sie noch viel mehr abbekommen, bis Sie frustriert aufgeben und wegen Magendrücken und Schlafstörungen kündigen. Man wird Sie dann mit einer drittklassigen Abfindung abspeisen und spart damit langfristig Ihr hohes Gehalt.«

»Genauso sieht es aus. Das ist schrecklich, belastend und ungerecht. Ich könnte platzen vor Wut!«

[Empfehlung] »Platzen ist keine Option. Die entscheidende Frage ist: Wollen Sie sich dem Stress dieser kraftvollen Angriffe geschlagen geben, was ich verstehen würde, oder wollen Sie denen den Bossing-Spaß verderben und es richtig teuer für Ihre Angreifer werden lassen?«

»Habe ich denn die Wahl? Ich bin verunsichert und wütend. Woran denken Sie?«

»Sie lernen, deren Erniedrigungen cool wegzustecken. Parallel begleitet Sie ein Arbeitsrechtler bis zu einem möglichen Prozess vor dem Arbeitsgericht mit dem Ziel, dass Sie Ihr volles Gehalt bis zum Vertragsende mitnehmen, selbst wenn Sie vorher gehen sollten. Wenn Sie Lust auf diesen Wettkampf haben, lassen Sie die Spiele beginnen. Denn das sind es: Spiele. Ernste Spiele!«

»Dazu bin ich bereit, aber alleine traue ich mir das nicht zu.«

»Okay, dann gehen Sie als Erstes zu Ihrem Chef und sagen ihm sinngemäß Folgendes: Das neue Büro, der neue Wagen und die neuen Aufgaben seien eine richtige Herausforderung. Es sei ein bisschen wie früher, als Sie noch jung waren, als man sich noch alles erkämpfen musste. Es mag zwar komisch klingen – sagen Sie Ihrem Chef –, aber Sie würden gerade so richtig aufleben, denn Ihr Blut würde wieder pulsieren, sodass Sie sich verrückterweise auf die nächsten Jahre unter den neuen Bedingungen freuen. Es sei für Sie ein bisschen wie ein *back to the roots* und würde sich gut anfühlen!

Nach dieser Message wird Ihr neuer Chef schlucken – und durchdrehen. Er wird begreifen, dass er mit seiner arbeitnehmerfeindlichen Strategie bei Ihnen nicht Depressionen fördert, sondern Ihre Lebensgeister weckt, sodass es nicht zu einer schnellen Kündigung kommen wird. Diese Gesprächsführung nennt sich paradoxe Intervention! Sie tun also im ersten Schritt ihm gegenüber, als ob das Elend, das er Ihnen bietet, geil sei. Parallel lassen Sie durch Ihren Arbeitsrechtler prüfen, welche der neuen Aufgaben okay sind und welche diskriminierenden Charakter haben. Der zerbeulte Kleinwagen und das ›Klobüro‹ werden vor Gericht kein gutes Licht auf die neue Leitung werfen. Vielleicht – wenn Sie es wünschen – greift die Presse das Ganze auf und nimmt die Bossing-Methoden der Neuen ins Visier. Sie müssen also nicht die Rolle des Opfers einnehmen. Schlafen Sie ein paar Tage über diese Optionen und horchen Sie in sich hinein, ob Sie Lust auf dieses Spiel haben, denn das wird sich über viele Monate hinziehen. Wenn es gut läuft, endet es mit einem Sieg und einer Stange Geld für Sie. Wenn es schlecht läuft, mit einem enttäuschenden Ergebnis. Verlieren ist erlaubt, nicht versuchen ist verboten!«

Er ließ die Spiele beginnen. Eine kluge Entscheidung, auch wenn er wusste, dass die Mischung aus seinem coolen Auftritt inklusive Begleitung durch einen renommierten Arbeitsrechtler auch schiefgehen kann. Es besteht die Option des Scheiterns. Macht er allerdings nichts und lässt sich vom Hof jagen, dann besteht die Gewissheit des Scheiterns!

Eine Unterstufe des Bossings ist Verlogenheit, etwa wenn Ihnen vom Chef eine Wurst vor die Nase gehängt wird, obwohl er gar nicht vorhat, Sie jemals abbeißen zu lassen.

Mein Chef redet wertschätzend und macht das Gegenteil

»Ich hatte meinen Chef um Zustimmung für ein Projekt gebeten. Als eine Woche lang nichts passierte und ich nachfragte, bekam ich noch am selben Tag eine wertschätzende und zustimmende Antwort. Aber die Unterschrift, die noch gebraucht wurde, kam nicht. Als ich nach zwei Wochen erneut nachfragte, kam am selben Tag ein engagiertes Go per E-Mail, aber die notwendige Unterschrift nicht. Dieser Vorgang liegt jetzt über einen Monat zurück und seitdem ist nichts passiert. Was soll ich davon halten?«

[Analyse] »Ihr Chef spiegelt Ihnen Ihre Bedeutungslosigkeit. Gleichzeitig ist er zu feige, Ihnen sein Nein *face to face* zu kommunizieren, oder er macht sich einen Spaß daraus, Sie zappeln zu lassen. Sie haben einen Chef, der sich respektlos verhält, indem er Sie mit Zustimmungsnachrichten vertröstet, während er Sie gleichzeitig gegen die Wand rennen lässt. So wird er nicht nur mit Ihnen umspringen, sondern auch mit anderen im Unternehmen.«

[Empfehlung] »Nehmen Sie sein mieses Verhalten nicht persönlich, es ist Ausdruck seines schlechten Charakters, und – sollten Sie die Geduld besitzen – genießen Sie die Konflikte, in die ihn sein Verhalten über kurz oder lang bringen wird, aber verschwenden Sie nicht Ihre Energie in Auseinandersetzungen mit ihm, die Sie derzeit nicht gewinnen können. Seien Sie pragmatisch und konzentrieren Sie sich auf die Aufgaben, die umsetzbar sind. Ihre Projektidee lassen Sie in der Schublade, bis Sie irgendwann Rückenwind spüren, denn grundsätzlich ist es für Ihren beruflichen Werdegang egal, ob Sie die Lorbeeren für Ihre Projektidee jetzt oder in zwei Jahren ernten. Mein Umsetzungs-Warte-Rekord liegt bei sechs Jahren! So unglaublich lange dauerte es, bis ich gegen die damaligen Widerstände eines Mitbewerbers mein eigenes kriminologisches Institut gründen konnte. Haben Sie diesen langen Atem, der mit Ihrem späten Sieg versüßt werden wird?«

»Den habe ich, auch wenn mir diese Geduld gerade noch schwerfällt.«

Geduld und Fingerspitzengefühl brauchen Sie auch mit dummen Chefinnen und Chefs, deren Aufstieg sich mit gesundem Menschenverstand nicht erklären lässt.

Mein Chef ist einfach strukturiert

»Obwohl ich mir Mühe gebe, in unseren Meetings konstruktive Ideen einzubringen, bekomme ich bei meinem Chef kein Bein auf die Erde. Ich finde das schräg und ungerecht, zumal von ihm wenig Sinnvolles kommt. Da könnte er zumindest meine Ideen aufgreifen und mein Engagement ein wenig wertschätzen!«

[Analyse] »In meinem Berufsleben gab es Chefinnen und Chefs, zu denen ich aufschauen konnte. Ich konnte die Zusammenarbeit genießen und viel lernen. Aber es gab auch einfach strukturierte Vorgesetzte, die mich angesichts ihrer mangelhaften Performance zum Verzweifeln brachten. Solche Vorgesetzte – und Ihren jetzigen Chef würde ich auch dazuzählen – wissen, dass sie Defizite haben, und sie investieren Zeit und Energie, damit ihre Mängel nicht sichtbar werden.«

[Empfehlung] »Bei solchen Chefs können Sie im Meeting keinen Spitzenvorschlag machen, denn damit demonstrieren Sie nur seine Einfach-Strukturiertheit, da er nie selbst auf so eine Spitzenidee kommen würde. Er wird Ihren klugen Vorschlag nicht als Bereicherung verstehen, sondern als Bloßstellung empfinden, die er Ihnen nachtragen wird. Seine Regel lautet: ›Sei nie klüger als dein Chef‹, und diese Regel brechen Sie mit Ihren intelligenten Statements. Das ist schlecht für Ihr Standing und er wird Sie hinter vorgehaltener Hand als Wichtigtuer und Dummschwätzer diskreditieren. Damit ist Ihr Absturz im Unternehmen vorprogrammiert.

Daher müssen Sie Ihren einfach strukturierten Chef ins Boot holen. Fangen Sie ihn dafür auf dem Flur ab. Fragen Sie: ›Haben Sie eine Minute Zeit für mich?‹ ›Na klar, was gibt's?‹, wird er Ihnen mit hoher Wahrscheinlichkeit antworten. ›Nach Ihrem letzten Feedback, das Sie mir vor zwei Monaten gegeben haben, hatte ich eine Assoziation!‹ Dann berichten Sie ihm von Ihrer Projektidee und fragen ihn, wie er sie findet. Höchstwahrscheinlich wird er antworten: ›Ich finde, das ist eine gute Idee!‹

Warum sagt er das? Weil die Idee ja durch sein Feedback erst in Ihren Geist gekommen ist, er also der gedankliche Vater ist und Sie nur als Wirt seine geniale Idee ausgetragen haben. Dieser Einfluss auf Sie gefällt ihm. Dann fahren Sie fort: ›Die Idee würde ich gerne morgen im Meeting vorstellen. Ist das okay für Sie?‹ Er wird bejahen, da alle wissen sollen, dass Sie durch seine Inspiration Großes gebären konnten.

Am nächsten Tag stellen Sie die Idee im Meeting vor und leiten sie mit den Worten ein: ›Die folgende Idee wurde durch unseren Chef angestoßen und ich habe sie gestern noch mal mit ihm abgestimmt.‹ Sehen Sie ihn dabei an, er wird Ihnen aufmunternd zunicken. Was meinen Sie, wer Ihnen jetzt noch widerspricht? Niemand! Wobei: Ganz selten redet ein ambitionierter Kollege doch noch dagegen an. Den nenne ich gerne den ›authentischen Suizidalen‹, denn der schießt sich mit seiner Kritik gegen den Chef selbst ins Knie. Was meinen Sie, bekommen Sie das hin?«

»Das muss ich erst einmal sacken lassen.«

Dummen Chefs das Gefühl zu geben, etwas sei ihre gute Idee gewesen, ist strategisch klug. Manchmal reicht es, für die gute Sache schlicht zu lügen.

Meine Karriere ist wegen meines Kinderwunsches gefährdet

»Wie sieht eigentlich Ihre Familienplanung aus?«, fragte mich die Kollegin unvermittelt, deren Draht in die Chefetage bekannt war. Dass diese Frage nicht auf ihrem Mist gewachsen war, sondern von oben kam, war für mich offensichtlich. Die wurde geschickt. Ich will ja beides: Karriere und Kinder, nur das mit den Kindern kommuniziere ich nicht im Unternehmen, schon gar nicht jetzt, wo ich kurz davorstehe, den nächsten Sprung zu machen.«

[Analyse] »Das verstehe ich. Kein Wunder, dass diese Frage hintenherum kommt, denn sie ist formal unzulässig, denn das Gleichbehandlungsgesetz verbietet diskriminierende Fragen nach Schwangerschaft, Kindern, ethnischer Zugehörigkeit oder sexueller Orientierung, weil sich durch die Fragen Nachteile für die Betroffenen ergeben könnten. Das hält jedoch Unternehmen nicht davon ab, trotzdem nachzufragen. Die Neugier siegt – und ein Hinweis auf den Kinderwunsch kann in puncto Karriere zu Nachteilen führen. Natürlich würde Ihre Leitung niemals sagen: ›Wegen Ihrer Kinderwünsche bekommen Sie den Job nicht.‹ Man würde stattdessen formulieren: ›Wir haben eine noch qualifiziertere Bewerbung auf diese Stelle erhalten.‹ Damit hätte sich der Karrieresprung für Sie als zukünftige Mama erledigt.«

[Empfehlung] »Das gilt es zu verhindern. Deswegen streuen Sie proaktiv im Unternehmen den folgenden Satz: ›Ich bin jetzt 35, fühle mich zu alt für Kinder und mein Partner möchte auch keine. Da sind wir uns einig.‹ Lügen Sie, dass sich die Balken biegen. Ihre Lüge wird die Entscheider beruhigen, dass keine Babypause zu erwarten sei. Nach der Vertragsunterzeichnung planen Sie und Ihr Mann die Schwangerschaft und ich drücke Ihnen die Daumen, dass sich Ihr Kinderwunsch erfüllt! Danach werden Ihnen zur Geburt alle gratulieren. Was soll das Unternehmen auch machen? Niemand will heute familien- und frauenfeindlich dastehen. Vermutlich werden Sie sogar Blumen erhalten. Perfekt!«

War ihre Lüge ethisch zweifelhaft? Nicht aus Sicht einer Peperoni-Strategin, die Karriere und Kinder vereinbaren möchte, ohne dass man ihr Steine in den Weg legt. Sie log für mehr Gerechtigkeit und weniger Benachteiligung wegen eines Kinderwunsches. Gibt es eine schönere Lüge? Nein! Und es ist beklagenswert, dass zu diesem Thema überhaupt noch gelogen werden muss!

Mein Chef ist ein Besserwisser

»Mein Chef ist 56 Jahre alt und sehr von sich überzeugt. Er weiß alles besser und kann daher keine Verantwortung abgeben. Für ihn wurde das Wort Mikromanagement erfunden, denn selbst beim Kleinkram redet er mir rein, als wäre ich ein Erstklässler. Es ist zum Verrücktwerden und es nervt, denn er erwartet auch noch Anerkennung und Dankbarkeit für seine ›konstruktiven Hinweise‹. Wenn das so weitergeht, werde ich irre!«

[Analyse] »Ihr Chef ist ein Kontrollfreak. Bei diesen Menschen spricht man in der Psychoanalyse vom analen Charakter, der übertrieben zwanghaft, übertrieben pünktlich, genau und geizig agiert. Ohne diese Kontrolle fürchtet ihr Chef, dass ihm alles aus der Hand gleiten würde. Sie ist also keine kleine Marotte, sondern existenziell bedeutend für sein Leben.«

[Empfehlung] »Sie müssen die Macken Ihres Chefs nicht gutheißen, aber Sie müssen sie ernst nehmen, wenn Sie etwas bewegen und nicht untergehen wollen. Werden Sie nicht irre, sondern holen Sie ihn ab, wo er steht. Sagen Sie ihm: ›Ohne Ihren Support und Ihre Erfahrung werde ich dieses Projekt nicht vollständig in den Griff bekommen, weil mir auch manchmal der Blick fürs Detail fehlt!‹ Er wird diesen Satz lieben, weil Sie sich kleinmachen und ihn in seiner übertriebenen Genauigkeit und seiner Bedeutung bestätigen. Er wird Ihnen ein paar mehr oder weniger hilfreiche Tipps geben, um dann zu ergänzen, dass Sie das aber zukünftig selbstständig hinbekommen müssen. Voilà, schon haben Sie Ihre Freiheit! Bleibt nur die Frage: Sind Sie bereit, diese kleine psychologische Selbsterniedrigung umzusetzen, um zu mehr Eigenständigkeit zu gelangen?«

»Wenn es funktioniert, soll es mir recht sein!«

»Eine pragmatische Antwort. Gefällt mir!«

Generell empfehlen Peperoni-Strateginnen und -Strategen eine Analyse des beruflichen Umfelds, denn wenn man weiß, wer wie tickt, kann man Konflikte antizipieren und umgehen.

So hat die folgende Protagonistin eine Chefin, die stolz auf die offene Firmenkultur ist, in der sich alle auch kritisch austauschen können, um Prozesse voranzutreiben. Das klingt zeitgemäß, stößt in der Praxis aber auch schnell an Grenzen.

Wegen einer kleinen Anmerkung werde ich abgebügelt

»Ich habe nur eine Kleinigkeit im Meeting gegenüber unserer Chefin moniert. Nichts Wildes, aber ihre Reaktion war sehr schroff. Ich wurde richtig abgebügelt und niemand hat mir den Rücken gestärkt oder mich in Schutz genommen.«

[Analyse] »Die offene Kritikkultur ist die offizielle Firmenphilosophie, an die sich alle halten sollen, was jedoch nicht immer gelingt. Inoffiziell sorgt sich Ihre Chefin über die Fallhöhe, die sie bis zum Aufprall zurücklegen würde, sollte Ihre Kritik sie ins Straucheln bringen. In Ihrer Naivität haben Sie an die Idee der offenen Firmenkultur geglaubt und nicht bedacht, dass Ihre Chefin leicht kränkbar ist, gerade weil sie glaubt, so toll zu führen, dass es zu keiner Kritik an ihr kommen dürfte. Diesen Zahn haben Sie ihr gezogen und dafür gibt es keine Dankbarkeit, sondern Ärger.«

[Empfehlung] »Für Sie ergibt sich daraus die Aufgabe, Ihrer Chefin die Angst vor der Machtbeschneidung zu nehmen, um nicht weiter in den Fokus ihres Misstrauens zu geraten. Gelingt es Ihnen, Ihre zukünftige Kritikzurückhaltung glaubhaft deutlich zu machen, lässt sich Vertrauen aufbauen. Ihrer Chefin müssen Sie vermitteln, dass Sie zukünftig loyal agieren, zu Ihrem Wort stehen, Absprachen einhalten, Verschwiegenheit bei Vier-Augen-Gesprächen garantieren und keine Hinterhältigkeit von Ihnen zu erwarten ist. Ärger haben Sie dann von ihr nicht mehr zu erwarten. Die praktische Umsetzung ist einfach: Stimmen Sie zukünftig Ihr Handeln, das den Chefinnen-Radius berühren könnte, vorab informell mit ihr ab. Holen Sie sich immer wieder ihr Okay – und zwar so lange, bis Sie folgende Worte zu hören bekommen: ›Sie brauchen nicht immer Bescheid zu sagen, Sie machen das schon …!‹«

»Das ist doch anbiedernd«, war seine Erwiderung und er hat auf den ersten Blick recht.

»Aber es funktioniert im Umgang mit kritikempfindlichen Chefinnen oder Chefs, denn es reduziert ihre Panik, den Laden nicht mehr im Griff zu haben. Für diese Panikattacken sollten nicht Sie verantwortlich sein und meine Empfehlungen schützen Sie davor, in den Fokus des Chef-Misstrauens zu geraten, was Gift für Ihre Karriere wäre.«

Ich werde mit Lob überschüttet, aber eine Gratifikation gibt es nicht

»Mich hat man mit Lob überschüttet und ich dachte, wenn ich die Mehrarbeit liefere, dann ist das eine unausgesprochene Abmachung, dass ich dafür später gratifiziert werde. Nichts davon geschah, außer die Rückmeldung, dass ich eine Säule des Unternehmens sei. Im Nachhinein habe ich mich selbst ausgebeutet und das Lob hat bei mir wie Balsam gewirkt, das meine Selbstausbeutung verlängert hat«, sagte die Business-Analytikerin einer hippen IT-Firma, in der man übertrieben stolz auf Kicker- und Billiard-Tisch sowie Gratis-Obstkörbe war, aber beim Geld zugenähte Taschen hatte.

[Analyse] »Manche Vorgesetzte haben ›giftiges Lob‹ im Köcher. Es ist das Lob, das Sie dazu bringt, freiwillig länger und mehr zu arbeiten, bis Sie am Ende Ihr Privatleben vernachlässigen. Dieses Lob verzaubert Sie in eine fleißige Arbeitsbiene, meistens zum Nulltarif, weil die Komplimente, die Sie erhalten, ausreichen, um Sie zur Weiterarbeit anzutreiben. Gehaltserhöhungen werden Ihnen für Ihre Mehrarbeit nicht angeboten, weil Sie als Arbeitsbiene auch ohne Gehaltssteigerung optimal funktionieren – zumindest aus der Sicht dieser Chefinnen und Chefs. Giftiges Lob mündet häufig in einen Arbeitsauftrag, der zur Unzeit erledigt werden muss. Gleichzeitig wird kommuniziert, dass Sie die einzige Person im Unternehmen sind, der man diese Herkulesaufgabe zutraut. Ohne Sie und Ihr Engagement kann das nicht finalisiert werden. Sogar die Chefetage sagt, dass Sie eine zentrale Säule des Unternehmens sind, eine Art Hidden Champion, auf den man sich verlassen kann. Wer kann diesem Lob schon widerstehen?«

[Empfehlung] »Stellen Sie sich auf diese Art Süßholzgeraspel weiter ein, genießen Sie die Komplimente und denken Sie darüber nach, wie Sie aus der Nummer wieder herauskommen, ohne Ihre Chefetage vor den Kopf zu stoßen, denn das ist die eigentliche Kunst. Erwidern Sie auf das giftige Lob, dass Sie sich geehrt fühlen und natürlich aktiv werden – nur im Moment nicht, weil Ihre Mutter Pflege braucht oder Ihr Kind chronisch erkrankt ist oder Ihre Schwester verunglückt ist. Nehmen Sie eine dramatische, tränenrührende Story aus Ihrem Leben – und falls Sie gerade keine zur Hand haben, lügen Sie etwas Glaubwürdiges. Drücken Sie Ihr Bedauern darüber aus, dass die familiäre Extremsituation Ihnen derzeit keine Wahl lässt, weil Sie keine Lust haben, sich mit allen zu Hause zu überwerfen. Das versteht jede und jeder, weil es alle schon selbst am eigenen Leib erlebt haben. Diese Notlüge kuriert Sie vom giftigen Lob und zwingt Ihre Leitung, sich ein neues Lob-Opfer zu suchen. Für die Person tut es mir leid, für Sie freut es mich! Und der wichtigste Hinweis zum Schluss: Gratifikationen wie Gehaltserhöhungen, die müssen Sie verhandeln, denn Sie bekommen nicht, was sie verdienen, sondern was Sie verhandeln. Gut vorbereitet, hartnäckig und mit feinem Gespür für die richtigen, fordernden Worte!«

Die gehen mir auf den Geist!

Eine Bereichsleiterin in einem norddeutschen Unternehmen, das digitale Technik und Dienstleistungen anbietet, war vom Wunsch ihres Teams nach mehr Empathie genervt: »Ich bin Mitte 50 und habe viel Erfahrung. Ich formuliere die Notwendigkeiten in unserem Arbeitsbereich und ernte neuerdings von den jüngeren Kolleginnen und Kollegen ein kritisches Echo: Ich würde sie emotional nicht mitnehmen, sie fühlten sich nicht auf Augenhöhe, ich würde nicht empathisch genug kommunizieren und hätte den Habitus einer ›alten weißen Frau‹. Ein Mitarbeiter mit Hipster-Outfit sagte mir vor kurzem: ›In meiner Welt erklärt man alles umfassend.‹ Haben die einen Knall? Noch empathischer kommuniziere ich nur mit meinen Kindern und meinem Mann. Hier erledigen wir im Job komplexe Aufgaben, abgestimmt und fair im Umgang miteinander – und das soll nicht reichen? Ich lege meinem Team meine Erwartungen transparent auf den Tisch, damit wir uns austauschen, was davon umsetzbar ist oder wo es hapert. Das *muss* reichen.«

[Analyse] »Aus Sicht Ihres Teams scheinen Sie nicht den richtigen Ton zu treffen. Das können Sie für Quatsch halten, was völlig okay ist, aber es ist natürlich nicht zielführend, denn Ihr Ziel ist, dass die komplexen Aufgaben in Ihrer Firma seriös erledigt werden. Richtig?«

»Ja, das ist richtig. Haben Sie eine Idee, wie ich mit meinem Team so ins Gespräch komme, dass es nicht knirscht?«

»Sie sind die unumstrittene Herrscherin in Ihrem Bereich. Über Sie kursieren Geschichten, wie Sie sich von der Pike auf hochgearbeitet haben. Das beeindruckt auch Ihr jüngeres Team, das sich von Ihrer Potenz und Präsenz beeindruckt zeigt, vielleicht auch ein wenig Angst hat und nun um Empathie fleht, um sich auf diesem Weg Ihre Zuneigung zu sichern. Ihr Team will die Gewissheit, dass sich diese machtvolle Frau nicht gegen sie wendet und auch hinter ihnen steht, wenn es hart auf hart kommt.«

[Empfehlung] »Sagen Sie Ihrem Team, dass Sie tatsächlich eine reife weiße Frau sind, zumindest aus der Sicht von Menschen um die 30. Sagen Sie, dass Sie manchmal mürrisch wirken. Auch das sei ein Ergebnis Ihres Lebensweges, der nicht immer einfach war. Sagen Sie, dass Sie sich und Ihr Team nicht auf Augenhöhe sehen, weil Sie als Leitung schon seit Jahrzehnten Ihre Frau stehen. Sagen Sie, dass Sie sich deswegen auch verantwortlich für alle im Team fühlen und jedem und jeder Einzelnen Rückendeckung geben, wenn es hart auf hart kommen sollte. Sagen Sie, dass für Sie die flache Hierarchie Neuland ist, dass Sie sie aber begrüßen und dass Sie neugierig auf die Generation Z, auf ihre Ideen und ihren Drive sind. Fair sein, Klartext reden und Offenheit für Neues in Inhalt und Kommunikation, das addiert das Beste aus zwei Welten und ist die Grundlage für eine erfolgreiche Zukunft. Könnte diese Message ein Einstieg für Sie sein, um Ihr Team zu gewinnen?«

»Ja, aber so richtig sensibel klingt das auch nicht.«

»Stimmt, aber es ist seriös und authentisch.«

Die Bereichsleiterin kommunizierte ihre Positionierung, inklusive ihres mürrischen Habitus, ihrem Team. Sie fragte nach, worauf sie achten sollte, damit sich alle mit ihr wohler fühlten. Sie notierte die individuellen Rückmeldungen und baute sie in ihre zukünftige Kommunikation ein. Das sei ein guter Schritt, wurde ihr gespiegelt, ohne sich empathisch verbiegen zu müssen. Authentisch agieren und nach Gemeinsamkeiten der Annäherung suchen, das ist nicht schlecht für den Anfang!

Diese Mühe der Neuorientierung machte sich der Marketingleiter eines Personaldienstleisters nicht.

Alles ist sonnenklar und trotzdem läuft es nicht

»Ich bin es gewohnt, dass die Sachen laufen. Wir sind ein eingespieltes Team, Aufgaben und Erwartungen sind klar definiert. Es lief seit drei Jahren wie geschmiert, weil ein Rad ins andere griff. Entsprechend war auch klar, wie wir den Prozess bei unserer neuen Aufgabe aufsetzen mussten. Viele Worte mussten da aus meiner Sicht nicht verloren werden, weswegen ich auch nicht besonders aktiv geworden bin und auf ausschweifende Erklärungen verzichtet habe. Das war offenbar ein Fehler, denn nichts lief. Ganz im Gegenteil, es war plötzlich überall Sand im Getriebe. Zum Verrücktwerden, denn ich verstehe einfach nicht, warum der Prozess diesmal so kompliziert ist.«

[Analyse] »Weil Sie zu passiv waren, zu selbstgefällig und weil Sie Ihre Kolleginnen und Kollegen als Maschinenteile betrachten, die ineinandergreifen und zu funktionieren haben. Es ist kompliziert, weil Ihr Leitgedanke ›Es läuft‹ Sie davon abgehalten hat, den neuen Prozess kritisch zu reflektieren, und weil Sie nicht proaktiv gestaltet haben, sondern hoffnungsvoll, ein bisschen naiv, etwas faul und nicht fokussiert agiert haben. Sie nennen das etwas höflicher ›Ich glaube, es läuft‹. Ich nenne das eine Bullshit-Strategie, denn Sie kontrollieren den neuen Prozess nicht, Sie fordern nichts, Sie zeigen keinen Biss, sagen nicht Nein, verteilen kein Lob und bohren keine dicken Bretter, sondern lehnen sich entspannt zurück. Mir tut es leid, Ihnen diese Analyse um die Ohren zu hauen, gerade weil Sie ein feiner Mensch sind.«

»Es ist hart, was Sie sagen, aber wenigstens steht am Ende ›ein feiner Mensch‹.«

[Empfehlung] »Ändern Sie Ihr passives Verhalten. Laden Sie zu einem Meeting ein, in dem Sie sich mit Ihrer Mannschaft in puncto

Fehleranalyse abstimmen. Aber bevor Sie das tun, reden Sie mit jedem Einzelnen über seine Optimierungsideen, pro Person maximal 20 Minuten. Bei 18 Kolleginnen und Kollegen ist das ein überschaubarer Aufwand, der Ihnen viel nutzen wird, denn mit diesem Vorwissen gehen Sie in das Meeting, greifen die Optimierungsideen auf, danken den entsprechenden Teammitgliedern für ihre Anregungen und setzen sie gemeinsam um. So bringen Sie das neue Projekt ins Rollen, denn Ihr Team fühlt sich gehört und ernst genommen. Das motiviert!«

Die sind sich über ihre Rollen im Unklaren

»Die Firma habe ich vor sechs Jahren gegründet und mit viel Geld und Know-how auf Wachstumskurs gebracht. Mir gehören 51 Prozent des Unternehmens und den Rest habe ich zu gleichen Teilen meinem Führungsteam gegeben, die jetzt zu Mitinhabern geworden sind und wohlhabend bleiben, solange der Laden brummt. Dafür ziehe ich mich aus dem Daily Business zurück, genieße mein Leben zwischen Ibiza und Dresden und profitiere von meinen Firmenanteilen.«

»Das klingt gut.«

»Meine neuen Miteigentümer sind gute, junge Leute mit unterschiedlichen Qualifikationen und Stärken, die zusammen eine intelligente Power ergeben. Aber jetzt mache ich mir Sorgen, weil die vier nicht mehr in Balance zueinander stehen. Es gibt jetzt einen Dominanten, der ein wenig ignoriert, dass alle vier gleichberechtigt sind. Ein anderer arbeitet sich fast tot, weil er meint, alles laste auf seinen Schultern. Die einzige Frau entwickelt herausragende Marketingideen, wird aber von den Jungs gerne mal ignoriert. Und der Vierte im Bunde hat eine neutrale Rolle und tut so, als ob ihn das Ganze nichts angehe. Es rumort unter ihnen, aber sie sprechen die Disharmonie nicht an, aus Angst, dass es knallen könnte. So wird viel Groll heruntergeschluckt. Nach außen tun sie harmonisch, aber meine Erfahrung sagt mir: Das geht nicht mehr lange gut. Wenn die vier in ihrem Arbeitsalltag bemerken, dass es so nicht weitergeht, rufen Sie mich einzeln an und bitten mich, als Elder Statesmen für sie zu entscheiden. Das ist aber nicht meine Aufgabe, auch wenn ich zwei Jahrzehnte älter bin als meine Führungscrew. Auf diese Rolle habe ich keine Lust, denn dann hätte ich die Firma alleine weiterführen können.«

[Analyse] »Der Umgang der vier untereinander ist schlecht für die Firma und wird durch das Verschweigen des Offensichtlichen nicht besser. Die vier haben sich die mikrosoziologischen Rollenstrukturen, in denen sie verhaftet sind und die Sie gut beschrieben haben, nicht klar vor Augen gehalten. Die Optimierung dieser Rollenstruktur kann nicht Ihre Aufgabe als Haupteigentümer sein, wenn es Ihr Ziel ist, dass das Unternehmen selbstständig und ohne Sie funktionieren soll.«

»Ja, es soll ohne mich funktionieren. Mein Ziel ist es bei meinen Projekten, mich überflüssig zu machen, um mehr Zeit für mein Privatleben und für neue Ideen zu gewinnen.«

[Empfehlung] »Wenn ein Team aus der Balance gerät, bedarf es Empathie und klarer Worte, um es wieder ins Gleichgewicht zu bringen. Da Sie die graue Eminenz im Unternehmen sind, wäre die Vermittlerrolle zwischen den vieren die falsche Rolle für Sie. Das delegieren Sie an Ihren externen Leutnant – in diesem Fall an mich. Ich werde mit jedem ein Einzelgespräch führen, um das ideale Beratungsziel zu erreichen. ›Wenn diese Beratung optimal verläuft – und jetzt tragen Sie bitte ganz fett auf –, was für ein Ziel haben wir dann am Ende erreicht?‹, werde ich sie fragen. Die Ergebnisse der Einzelgespräche stimme ich erst mit Ihnen und dann in einem Klartext-Meeting in guter Atmosphäre mit den vieren ab. Ohne Gesichtsverlust Einzelner kommt alles auf den Tisch und kann mit ein bisschen gutem Willen optimiert werden.«

»Okay, das können wir so machen, wenn es hilft, den großen Knall zu vermeiden.«

»Das müsste gelingen, da das Eigeninteresse der vier am Erfolg der Firma groß ist. Eines ist denen klar: Diese Firma ist eine Top-Chance für eine beruflich herausfordernde und finanziell sorgenfreie Zukunft.«

Nach den digitalen Vorgesprächen fand ein gemeinsamer Workshop in Hamburg statt. Allen wurde erläutert, dass sie hier im Raum die Einzigen seien, die ihre gemeinsame Erfolgsgeschichte zerlegen und ihren Wohlstand und den ihrer Partner und Kinder gefährden könnten. Danach wurde Punkt für Punkt abgearbeitet, vom Nicht-gehört-Werden über das Ausgrenzen der Frau bis zum Dominanzgebaren. Am Ende wurde schriftlich fixiert, wie man zukünftig verfährt, ohne dass der gegenseitige Groll hochkocht. Diese Festlegungen – man könnte sie auch hochtrabend »neue Kommunikations-Philosophie« nennen – haben noch heute Bestand.

Ich muss unter Zeitdruck umstrukturieren

»Es ist wichtig, dass wir die neuen Strukturen in unserem Bereich im ersten Quartal umsetzen, denn sonst geraten wir in eine Schieflage angesichts der Dynamik in der E-Mobilität, zumal wir international spät dran sind. An der erfolgreichen Umsetzung dieser Strukturen wird mein zukünftiger Wert für unser Unternehmen gemessen. Wenn ich es packe, dann komme ich weiter, wenn nicht, dann war's das für mich. Deswegen ist es mir wichtig, alle im Team mitzunehmen, damit es eine runde Sache wird, aber irgendwie funktioniert das nicht!«

[Analyse] »Ihre Quartalsansage ist wichtig, nur den letzten Satz verstehe ich nicht: Sie wollen alle mitnehmen? Ernsthaft? Sie glauben, eine Umstrukturierung unter Zeitdruck bekommen Sie mit allen im Team ohne Konflikte und in Harmonie hin? Träumen Sie weiter und versagen Sie, denn für die angestrebte Harmonie werden Sie im Team Kompromisse eingehen müssen, die Ihr Umsetzungsziel verwässern werden. So wird Ihre Umstrukturierung nichts Halbes und nichts Ganzes.«

»Was schlagen Sie vor?«

[Empfehlung] »Ändern Sie Ihr Mindset. Erstens: Akzeptieren Sie, dass es ausreichen muss, wenn das Gros Ihrer Leute mitzieht. Zweitens: Isolieren Sie diejenigen, die gegen Sie arbeiten, denn die wird es geben. Es gelingt nur selten, etwas umzusetzen, ohne dabei ein paar Leuten auf die Füße zu treten. Die Umstrukturierung wird einigen Teammitgliedern Liebgewonnenes wegnehmen, weil es nicht mehr gebraucht wird, und sie werden darüber verärgert sein. Dieser bevorstehende Ärger sollte nur Schönwetter-Kapitäne überraschen, aber nicht Führungskräfte, die Umstrukturierungen vorantreiben wollen. Wichtig ist, dass Sie die Mehrheiten für Ihre Entscheidungen absichern, aber da sehe ich bei Ihrer Eloquenz kein Problem.«

»Dann sollte ich mich dieser nicht ganz so harmonischen Realität stellen?«

»Als 100-Prozent-Gutmensch, der alle versteht und alle mitnimmt, werden Sie die Umstrukturierung auf keinen Fall hinbekommen.«

Zeitdruck kann aber auch künstlich erzeugt werden, um jemanden überfordert aussehen zu lassen und in die Ecke zu drängen.

Das kann ich zeitlich unmöglich schaffen und das wissen die auch

»In letzter Zeit bekomme ich Aufgaben zugeteilt, die ich selbst mit großem Aufwand nicht in der vorgegebenen Zeit erledigen kann«, sagte die Media-Sales-Spezialistin.

»Sind Sie in letzter Zeit langsamer oder dümmer geworden?«

»Nein, natürlich nicht!«

[Analyse] »Dann wird der Zeitdruck inszeniert, weil man denkt, Sie könnten noch schneller arbeiten, oder weil Sie an der gestellten Aufgabe versagen sollen, um das als Beleg Ihrer Inkompetenz zu bewerten.«

[Empfehlung] »Prüfen Sie, ob Sie jemandem auf die Füße getreten sind, der Sie über dieses Überforderungsspiel schachmatt setzen möchte. Vielleicht werden Sie aber auch gerade als Aufsteigerin gehandelt, sodass sich Mitbewerberinnen oder Mitbewerber zum Ziel gesetzt haben, Ihren Status zu reduzieren, damit sich Ihre Aufstiegschancen verringern.«

»Es steht tatsächlich im Raum, dass ich zum Jahreswechsel eine bessere Position erhalten könnte.«

»Dann müssen Sie herausfinden, wer Ihnen ans Leder will, indem er Sie als Mitbewerberin disqualifiziert, die ihre Aufgaben nicht erledigt bekommt. Fragen Sie im befreundeten Kollegenkreis, ob jemand etwas im Flurfunk gehört hat. Und Sie müssen herausfinden, warum Ihr Vorgesetzter da mitspielt oder ob das Ganze sogar auf seinem Mist gewachsen ist. Sie können das mit ihm direkt kommunizieren, indem Sie ihn fragen, was das soll, Ihnen neue Aufgaben zu übertragen, die in der Zeit nicht zu schaffen sind. Fragen Sie ihn, ob das eine informelle Prüfung sein soll, ob das Strategie oder ob das nur Zufall ist. Auf jeden Fall bitten Sie darum, das Aufgabenspektrum neu zuzuschneiden. Darüber hinaus müssen Sie Gegenstrategien entwickeln, damit Ihr guter Ruf bestehen bleibt und Ihr Aufstieg gelingt. Dazu bitten Sie statushohe Vorgesetzte, die Einfluss im Unternehmen haben, Sie zu beraten, was Sie tun sollten, um Ihren guten Ruf weiter zu erhalten. Mit dieser Support-Frage holen Sie sie in Ihr Boot. Durch diese Aktionen werden Sie das Heft des Handelns wieder in den Griff bekommen.«

Fazit All diese Fallbeispiele zeigen, dass es keinen Sinn hat, brenzlige Situationen mit Chefinnen oder Chefs alleine lösen zu wollen. Als Lonely Wolf sind Sie zum Scheitern verurteilt, denn Vorgesetzte bereiten sich vor, sie agieren nicht planlos, sondern verfolgen eine Agenda, in der Sie aus irgendwelchen Gründen stören. Meistens sind diese Chefinnen und Chefs utilitaristisch aufgestellt und lassen in dem Moment von Ihnen ab, wo ihnen die Attacken gegen Sie mehr schaden als nutzen. Das geschieht in der Regel dann, wenn Sie HR, Personalrat, statushohe Kolleginnen und Kollegen, Compliance- oder Gleichstellungsbeauftragte oder Ihre obersten Chefinnen oder Chefs für sich gewinnen konnten. Diese ›Fachöffentlichkeit‹, die womöglich die Ungerechtigkeiten gegen Sie bezeugen kann, wird von Angreiferinnen und Angreifern gefürchtet. Und diese Furcht nutzen Sie peperonischarf zu Ihren Gunsten!

KAPITEL 4

Intelligente Selbstoptimierung

Fallsituationen – Analysen – Empfehlungen

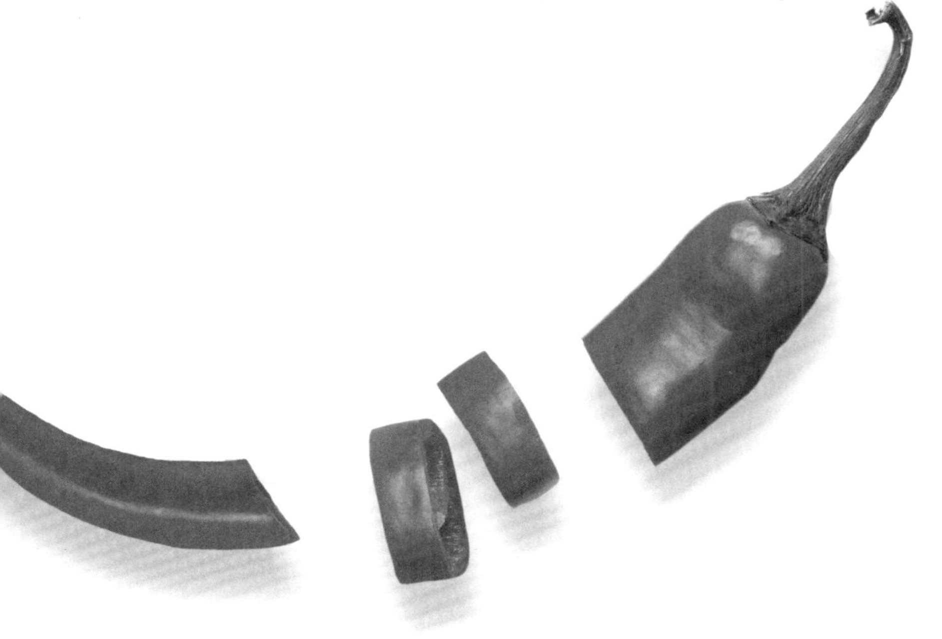

DURCH SELBSTOPTIMIERUNG versuchen wir, unsere Potenzen und Kompetenzen kontinuierlich zu verbessern. Da uns das nie ganz gelingt, kann Selbstoptimierung für die Ehrgeizigen unter uns zu einem lebenslangen Prozess werden, der sich den jeweiligen Phasen und Herausforderungen des Lebens anpasst – von der Berufswahl und der Familiengründung über die konkrete Karriereplanung bis hin zur Besitzstandswahrung, die zum Ziel wird, wenn wir uns ausreichend etabliert haben. Bis es so weit ist, gilt es, Widerständen standzuhalten und Hürden zu überspringen. Intelligente Selbstoptimierung ist für Peperoni-Strateginnen und -Strategen dann erreicht, wenn es sich Ihr berufliches Umfeld zweimal überlegt, ob es sich mit Ihnen anlegen möchte, denn eine Konfrontation ergibt für Angreiferinnen und Angreifer nur Sinn, wenn hohe Gewinnchancen in Aussicht stehen.

Sie sollten also professionell so optimiert sein, dass Angriffe gegen Sie etwas Suizidales haben und daher erst gar nicht stattfinden, weil Sie und Ihr Netzwerk so viel Respekt ausstrahlen, dass sich Ihre Gegenspielerinnen und Gegenspieler lieber gütlich einigen oder – primitiv formuliert – den Schwanz einziehen und sich kooperativ geben.

Meine Selbstoptimierung ist von oben verordnet

»Selbstoptimierung ist für mich wichtig«, sagte der Changemanager einer internationalen Beratungsfirma. »In Feedback-Gesprächen hieß es, ich sollte durchsetzungsstärker werden und es nicht mehr allen in den Veränderungsprozessen recht machen wollen. Es wurde mir signalisiert, dass meine Weiterentwicklung im Unternehmen in eine Sackgasse laufen würde, wenn ich das nicht hinbekäme, denn meine Freundlichkeit würde nicht ausreichen für die Aufgaben, die als Nächstes auf mich zukommen würden. Entweder lerne ich das jetzt oder ich bin raus.«

»Und deswegen melden Sie sich bei mir?«

»Ja«.

[Analyse] »Sie reagieren auf Druck Ihres Unternehmens.«

»Das stimmt, aber bevor Sie weiterreden: Ich bin trotzdem intrinsisch motiviert, das Thema anzugehen, weil ich im Unternehmen gerne weiterkommen möchte und das fachlich auch gerechtfertigt wäre.«

»Es ist gut, dass Sie nicht nur reagieren, weil die kritische Ansage von oben kam, sondern dass Sie die Größe haben, Ihre Defizite zu betrachten. Ihr Unternehmen glaubt an Sie und will Sie fördern. Darin liegt viel Wertschätzung Ihrer Gesamtperformance, nur bei den wenigen Mängeln gibt's eins auf die Zwölf.«

[Empfehlung] »Sie haben alle Voraussetzungen, um sich weiter erfolgreich zu entwickeln. Jetzt brauchen Sie nur noch Ihr Mindset zu optimieren. Studieren Sie daher bitte die zwölf Säulen der Peperoni-Strategie, denn da finden Sie alle Zutaten, die eine durchsetzungsstarke Führungskraft ausmachen. Je stärker Sie sich mit den Punkten identifizieren können, umso leichter wird Ihnen die Umsetzung der Wünsche des Unternehmens fallen.«

»Okay. Packen wir es an!«

»Nein, nicht wir. Sie!«

Wie dieses Anpacken bei der Selbstoptimierung konkret aussieht, liebe Leserinnen und Leser, das können Sie den folgenden Beispielen entnehmen.

Meine Nettigkeit wird missinterpretiert

Sie ist Immobilienunternehmerin und ihr bissiges Potenzial schien sie bisher vernachlässigt zu haben. Darauf deuteten jedenfalls die übergriffigen Reaktionen Ihrer Kollegen hin.

»Bin ich naiv oder dumm? Zwei Mal habe ich in den letzten Monaten Absurdes erlebt, weil ich männliche Kollegen in komplexen beruflichen Situationen unterstützt habe. Ich zeigte ihnen Wege aus dem Dilemma und gab ihnen Rückendeckung. So bin ich eben. Die Jungs freuten sich, dass ich ihnen aus dem Schlamassel half, und änderten die kommunikative Ebene mit mir. Sie erzählten mehr Privates, schufen eine vertraute Atmosphäre und regten an, mich gerne zum Segeln begleiten zu wollen. Es ist bei uns bekannt, dass ich ein 10-Meter-Boot besitze, aber auf dem haben meine Kollegen nichts zu suchen. Glauben die, ich verbringe mit ihnen private Stunden auf meinem Boot? In Bikini und Badehose? Was soll das?! Ich lehnte ihr Anliegen ab, worauf beide Männer begannen, schroff mit mir zu agieren, als wenn meine Segelablehnung ein persönlicher Korb für sie war. Eine verrückte Situation – ich helfe denen, die laden sich bei mir aufs Boot ein und zicken jetzt herum. Spinnen die?«

[Analyse] »Ja, die spinnen, weil sie weiblich-kollegiale Zuwendungen nicht gewohnt sind und Ihr Engagement als Liebesbeweis missinterpretiert haben – und jetzt liefern Sie die Liebe nicht in ihren Augen. Diese Kollegen haben ein Problem mit Nähe und Distanz. Denen fehlt der berufliche Respekt vor Ihnen, sonst würden diese Knalltüten solche Annäherungsversuche gar nicht wagen.«

[Empfehlung] »Berichten Sie einem einflussreichen Vertrauten im Unternehmen von den übergriffigen Bootswünschen und bitten Sie ihn, den Jungbullen klarzumachen, dass derartige Annäherungsversuche gegen die Compliance-Regeln verstoßen. Bitten Sie weitergehend um Rückendeckung, falls sich dieser Annäherungsquatsch fortsetzen sollte. Es ist wichtig, dass Sie diesen Jungbullen-Rüffel an einen Vertrauten Ihrer Wahl delegieren, damit der das für Sie erledigt, damit Sie sich nicht selbst in diese unangenehme Gesprächssituation manövrieren müssen. Helfen Sie diesen Jungs zukünftig nicht mehr. Lassen Sie sie im Regen stehen. Sollen die doch ihr eigenes Netzwerk fragen, wenn sie nicht weiterkommen, und wenn sie keines haben, weil sie zu faul waren, sich eines aufzubauen, dann müssen nicht Sie die Lückenbüßerin spielen. Fördern Sie stattdessen hoffnungsvolle Talente, die sich zu benehmen wissen. Ob die Höflichen Ihnen später Ihre Hilfe danken werden, das wird sich zeigen, aber Dankbarkeit sollte ohnehin nicht Ihre Hauptmotivation sein, sondern der Gedanke, die Richtigen zu unterstützen. Der Aufbau einer freundlich-professionellen Distanz, bei der Sie höflich im Ton, aber klar in der Sache sind, wird Ihnen helfen, sich in diesem Bereich zu optimieren und besser zu schützen! Damit das gelingt, weisen Sie frühzeitig auf Ihren Wunsch nach etwas mehr Distanz hin und blockieren Sie damit jeden verbalen Versuch, zu Ihnen eine private Ebene aufzubauen. Sollte Sie jemand etwa auf Ihr Boot ansprechen, dann sagen Sie: ›Das tut hier nichts zur Sache‹, und wenden sich ab. Bei 99 Prozent Ihrer Gesprächspartnerinnen und Gesprächspartner dürfte diese Reaktion völlig ausreichen, um sie auf Distanz zu halten.«

Ich mache mir Druck

»Habe ich Sie richtig verstanden? Sie sollen weder gefeuert werden, noch wird umstrukturiert und es gibt keine neuen Anforderungen an Sie, die Ihnen missfallen.«

»Ja, das stimmt«, sagte die stellvertretende Direktorin im Kreditmanagement.

»Es gibt also für Sie keinen konkreten Anlass, sich selbst unter Druck zu setzen?«

»Ja, das stimmt auch.«

»Sie könnten Ihre berufliche Normalität genießen und sie nutzen, um einmal in Ruhe durchzuatmen, bevor die nächsten Herausforderungen an Sie herangetragen werden, richtig?«

»Das ist theoretisch richtig. Ich denke aber, da stimmt etwas nicht, denn ich habe derzeit weniger zu tun und ich habe deswegen ein schlechtes Gewissen. Ich weiß nicht wirklich, was ich jetzt machen könnte, weil die Dinge gut organisiert sind und laufen. Daher denke ich über meine Zukunft nach und über die Frage, ob das hier überhaupt das Richtige für mich ist, wenn ich nicht gefordert werde.«

[Analyse] »Sie staunen über diese ungewohnt ruhige berufliche Situation, die Ihrer sehr guten Vorarbeit und Ihrem Organisationstalent geschuldet ist. Sie trauen diesem Frieden nicht und erscheinen ein wenig orientierungslos und das löst in Ihnen den Impuls zur Neuorientierung aus. Aber auch darüber sind Sie sich im Unklaren. Kurz gesagt: Sie stecken in einem Entscheidungsloch fest. ›Feststecken ist eine wunderbare Sache‹, sagte mir der New Yorker Professor Howard Polsky, den ich einst in den USA traf. Weil nach dem Feststecken, so seine These, ein Kreativitätsschub folgt. Betonung auf ›nach‹!«

[Empfehlung] »Während dieses Zustands gibt es eine Regel, die Sie beachten sollten: Nicht bewegen, nichts tun, abwarten, nichts entscheiden, sondern sich ausruhen – und das ohne schlechtes Gewissen. Erst wenn neue Herausforderungen auf Sie zurollen, also wieder Normalität eintritt, ist der Zeitpunkt gekommen, sich konkrete Zukunftsgedanken zu machen. Alles andere führt nur zu verzerrten Wahrnehmungen im Entscheidungsloch.«

Sie schien erleichtert zu sein, nicht aktiv werden zu müssen. Sie brauchte den Segen, nur Durchschnittliches leisten zu dürfen. Ihr Perfektionismus und ihr Optimierungswille trieben sie zu einem immer höheren Tempo an, selbst wenn die gestellten Aufgaben bereits seriös bewältigt worden waren. In so einem Moment weiterzurennen, ist eine Energieverschwendung im Hamsterrad, denn Strecke legt man in so einer Phase nicht zurück.

Dieses Phänomen ist verbreitet bei Führungskräften, die viel in Bewegung sind und sich ständig in Konflikten, komplizierten Budget- und Personalverhandlungen befinden. Sie fangen an, nervös zu werden, wenn es plötzlich nichts zu tun gibt. Sie fühlen sich überflüssig, haben Angst, etwas übersehen zu haben. Das ist paradox, denn diese ruhigere Zeit verdanken sie ihrem Engagement und ihrer Vorarbeit. Es passiert nichts, weil alle Fragen geklärt wurden, weil die Teams solide arbeiten, die Vorgesetzten nichts fordern und die Kunden Zufriedenheit signalisieren. Solche Ruhephasen sind selten genug und sollten zur Erholung genutzt werden: Also, Füße auf den Schreibtisch, Augen zu und die Situation genießen! Stattdessen beunruhigen diese Phasen die Führungskräfte und sie reagieren darauf mit einem irrationalen Aktionismus, der Betriebsamkeit vorgaukelt. Kognitionspsychologisch wäre ein Selbstlob zielführender: »Derzeit habe ich nichts Großes zu tun. Das ist krass – ich muss in den letzten Wochen einen richtig guten Job gemacht haben, damit dieser Zustand erreicht werden konnte!« Doch stattdessen tauchen andere Fragen auf: »Darf ich überhaupt meine Ruhe genießen, angesichts all der Krisen? Darf ich abschalten und mich treiben lassen, anstatt die Welt zu retten?«

Mich verwundert diese Reaktion nicht in einem Land, in dem die Lobkultur keinen hohen Stellenwert einnimmt. Wir dürfen nicht nur ein paar Gänge herunterschalten, wir *müssen* es sogar, denn unser Berufsleben ist ein Marathon, der mit jeder Menge Krisen, Zeitdruck und Stress gepflastert ist. Wer die Ausdauer für diesen Weg dauerhaft aufbringen will, muss auftanken. Im Wellnessbereich, beim Nichtstun, beim Dösen, Lieben, Feiern und Reisen, ohne Scham und mit Genuss! Das ist eine 1A-Burn-out-Prophylaxe, die ich allen Leserinnen und Lesern ans Herz legen möchte und die ich selbst umsetze, denn während ich diese Zeilen schreibe, sitze ich im Strandkorb, habe die Füße im warmen Sand und schaue auf die Lübecker Bucht. Das ist nicht spektakulär, aber wohltuend!

Ich habe wegen der Krisen meinen Kopf nicht mehr frei

Ein mittelständischer Händler mit mehreren Filialen im Einrichtungsbereich spürte den wirtschaftlichen und gesellschaftlichen Druck, er glitt immer mehr in eine Fokussierung auf die Krisen dieser Welt und verlor darüber seine Selbstfürsorge aus den Augen.

»Ich habe meinen Kopf nicht mehr frei. Job, Familie, eingeschränkte Freizeit, kaum Feiern, politische Verwerfungen, die Liste könnte ich unendlich fortsetzen. Seit längerer Zeit habe ich deswegen eine innere Unruhe, die mir früher fremd war. Ich verliere meine Mitte und meine Konzentration auf die Dinge, die mich beruflich weiterbringen. Ich muss gegensteuern, so geht es jedenfalls nicht weiter.«

[Analyse] »Ihre Sorgen sind nachvollziehbar, denn die Zeiten haben es in sich, für uns alle. Da haben Sie kein Alleinstellungsmerkmal und somit auch nichts Besonderes. Krisen müssen wir alle bewältigen, sei es im Beruflichen, sei es im Privaten, in denen Trennungen, Krankheiten und nervenaufreibende Kinder einem den Rest geben können. Sie können es drehen und wenden, wie Sie wollen: Diese Begleitmusik wird bleiben, nur die Lautstärke variiert und die Frage, wie Sie damit umgehen.«

[Empfehlung] »Konzentrieren Sie sich auf das, was Sie beeinflussen können. Machen Sie einen guten Job, unterstützen Sie Ihre Familie und Ihre Liebsten, treffen Sie sich mit Menschen, die es gut mit Ihnen meinen. Buchen Sie Urlaubsreisen zur Entspannung und reduzieren Sie Ihren Nachrichtenkonsum, vor allem die Drama-Talkshows und die Drama-Statements der Politik und das Gerede der Dramaexperten. Dieses ›Katastrophizing‹ bringt Sie kein Stück weiter, das braucht kein Mensch, der tatkräftig und optimistisch in Krisen agieren will, so wie Sie. Springen Sie nicht über jedes apokalyptische Stöckchen, das man Ihnen hinhält, sondern fokussieren Sie sich darauf, sich und Ihre Liebsten gut durch die Herausforderungen des Lebens zu manövrieren. Wenn Sie das hinbekommen, haben Sie eine gute Performance abgeliefert!«

Monate später begegnete ich dem Händler zufällig auf dem Hamburger Flughafen. Wir beide hatten Termine in München. Er berichtete von den Preissteigerungen aller Rohstoffe, die er für seine Produkte braucht, von seinen verunsicherten Kunden und dass er gerade einen Kredit bei der Bank ablösen musste, was ihm Sorgen bereitet hatte. Jammerte er? Nein! Sagte er, dass er die Herausforderungen, die sich ihm in den Weg stellten, packen wolle? Ja!

»Dieser Lauf mutiert gerade zum Triathlon – und wissen Sie was, es ist mir scheißegal. Ich nehme die Situation an und suche den Erfolg in kleinen Schritten. Einen nach dem anderen!«

Er hatte keine »Hallo-Fröhlich-Pille« eingeworfen, sondern sein Mindset neu ausgerichtet. Er hatte seine alten Ziele, die nicht mehr zu erreichen waren, über Bord geworfen und sich neu aufgestellt, und auch seine Ansprüche und seinen Lebensstil hatte er ein wenig gesenkt. Das Spannungsverhältnis zwischen Wunsch und Wirklichkeit, das ihn gequält hatte, konnte er so für sich auflösen. Er wirkte am Flughafen befreit, obwohl er sich ein bisschen weniger erfolgreich einstufte, als er es noch vor Jahren erhofft hatte. Sein Wille, sich anzupassen und seine Zukunft gut zu gestalten, ist seither ungebrochen.

Der Druck, unter dem ich stehe, wird zum Dauerbrenner

Punktueller Druck ist kein Problem. Man löst den Punkt oder man scheitert. Letzteres ist unerfreulich, aber kein Weltuntergang. Anders sieht es aus, wenn Druck strukturell angelegt ist und zu einem ständigen Begleiter wird, weil Umstrukturierungsprozesse durch die rasanten Entwicklungen zum Dauerbrenner werden und parallel dazu auch noch eine Familie gegründet wird. Die Familiengründung mit Kindern ist ein Druck erzeugender Dauerbrenner, der auf mindestens 18 Jahre mit Höhen und Tiefen ausgelegt ist.

»Die Unternehmensumstrukturierung im letzten Jahr hat mich Kraft gekostet, zumal ich vorletztes Jahr auch noch Mutter geworden bin, mit den üblichen Dramen schlafloser Nächte und mit einem schreienden Kind, weil das Bäuerchen misslang oder Koliken auftraten. Der physische und psychische Mehraufwand, mein Leben zu bewältigen, hat sich in den letzten zwei Jahren multipliziert, obwohl ich mir die Familienarbeit mit meinem Mann teilen kann. Die Anzahl der zur Verfügung stehenden täglichen Stunden hat sich jedenfalls nicht angemessen erhöht, um das Pensum zu leisten.«

[Analyse] »Sie sind erschöpft, weil Sie trotz Kind und Umstrukturierungsmehraufwand immer 100 Prozent geben wollen, egal in welcher Situation. Als Verantwortliche in der Firma, im Umgang mit Ihrer Tochter, beim Sport für Ihre persönliche Fitness oder beim Kochen und Eindecken des Tisches, wenn Sie zu Hause Gäste erwarten. Immer perfekt. Das ist zu viel und wird auf Dauer nicht funktionieren.«

[Empfehlung] »Reden Sie im privaten Alltag und im Job gerne weiter wie eine 100-Prozent-Superfrau. Aber leisten Sie real maximal 80 Prozent, egal was Sie tun, ohne das zu kommunizieren. Beim Sport, bei der Bewirtung Ihrer Gäste, im Führungsjob und auch bei der Erziehung der Kleinen. Sie werden verblüfft sein, dass das kaum jemandem auffallen wird – außer Ihnen natürlich und Ihrem schlechten Gewissen, das weiterhin versuchen wird, Sie zu Höchstleistungen anzutreiben. Wenn Sie Ihrem inneren Antreiber standhalten und die 80 Prozent zu Ihrer heimlichen Leistungsbereitschaftsgrenze machen, dann haben Sie eine Chance, Ihr privates und berufliches Anforderungspaket ohne größere Blessuren zu bewältigen. Ihr Motto sollte ab sofort lauten: ›*Reduce to the max!* Weniger ist mehr!‹«

Das Thema Druck betrifft natürlich nicht nur Frauen.

Bin ich ein Versager?

»Bin ich ein Versager? Ich packe den Zehn-Stunden-Tag nicht. Ich habe Familie, einen Sohn, der erst vier Jahre alt ist, und eine Frau, die fast alles alleine stemmen muss, weil ich nur im Büro hocke. Gleichzeitig steigen in der Firma die Ansprüche an mich, weil ich zukünftig mehr Verantwortung übernehmen darf. Das alles passt nicht zusammen und ich spüre, dass die Gesamtsituation bald kollabiert.«

[Analyse] »Nein, Sie sind kein Versager, sondern Sie stecken in einer sehr herausfordernden Lebenssituation, in der Sie Kind und Kegel und Berufsalltag und Karriereplanung unter einen Hut bekommen müssen. Niemand von uns schüttelt das aus dem Ärmel und niemand geht erschöpfungsfrei durch diese Zeit. Aber zwischen normal erschöpft sein und einem Burn-out liegen Welten und Ihr Ziel sollte es natürlich sein, mit einem blauen Auge durch diese Lebensphase zu kommen.«

[Empfehlung] »Damit das gelingt, müssen Sie Ihre Ambiguitätstoleranz optimieren, das heißt, Sie müssen lernen, mehrdeutige Situationen und widersprüchliche Handlungsweisen zu ertragen. In Ihrem Fall heißt das, dass Sie den unterschiedlichen Erwartungen so gerecht werden, dass alle einigermaßen zufrieden sind und nur Ihre Partnerin ein bisschen mehr, denn sonst riskieren Sie die Scheidung. Das bedeutet als Konsequenz eigentlich nur Angenehmes, nämlich dass Sie mehr delegieren und lernen, höflich, aber bestimmt Nein zu sagen. Es bedeutet, dass Sie ausschließlich auf die wichtigen Anforderungen konzentriert sind und den Rest links liegen lassen. Sind Sie dazu bereit?«

»Mittlerweile schon.«

»Nehmen Sie Ihr Handeln weniger wichtig, denn Sie sind nicht die tragende Säule des Unternehmens. Agieren Sie egoistischer, dann haben Sie die Chance, den Kollaps zu vermeiden!«

Ohne mich läuft hier nichts

Sie war frei von Selbstzweifeln, aber erschöpft, denn sie stand unter Druck, weil auch sie sich für unersetzbar hielt.

»Ohne mich läuft hier nichts. Ich bin nicht nur Head of Analytics, sondern das Bindeglied im gesamten Bereich. Die Leute kommen zu mir, wenn sie nicht weiterwissen oder wenn es Spannungen gibt. Sie haben Vertrauen zu mir und ich wertschätze das, indem ich ihnen zur Seite stehe. Viele der Themen erledige ich auf die Schnelle nebenbei und man dankt mir mein Engagement.«

»Ich bin beeindruckt, es klingt, als würde ich mit einer Heiligen sprechen, die so lange hilft, bis alle zufrieden sind. Aber warum kontaktieren Sie mich?

»Weil es so nicht weitergeht. Mir geht die Luft aus. Als tragende Säule spüre ich die Last des Zeitdrucks, fühle mich gereizt – und das bekommt auch meine Familie zu spüren. Die findet das nicht mehr witzig und wir geraten darüber an den Wochenenden in Streit.«

[Analyse] »Sie sind ein sympathischer Gutmensch, aber Sie sind leider auch eine Versagerin im Delegieren und im Zeitmanagement. Sie kaschieren Ihre Unfähigkeit, Nein zu sagen, mit dem Spruch: ›Ich stehe euch zur Seite.‹ In Kürze werden Sie auch eine Versagerin im Privatleben sein, weil Ihre Familie Ihre berufliche Opferbereitschaft nicht mehr mittragen wird, aber das spüren Sie ja jetzt schon. Entschuldigen Sie meine deutlichen Worte, aber es wird höchste Zeit, dass Sie aus der Ohne-mich-läuft-nichts-Falle heraustreten. In der stecken Sie, weil Sie sich wichtiger nehmen, als Sie sind, und die bittere Erkenntnis ignorieren, dass wir alle austauschbar sind. Wenn Sie Ihre Frau-Wichtig-Haltung nicht korrigieren, werden Sie Ihre Konditions- und Leistungsgrenze überschreiten, die Sie gerade mit Ihrem Erschöpfungsgefühl touchieren. Wenn Sie dann richtig schlappmachen, werden Sie ersetzt werden und feststellen, dass all die Kolleginnen und Kollegen, denen Sie geholfen haben, Sie innerhalb von zwei Wochen vergessen haben und sich der nächsten Person zuwenden, die ihnen Hilfe verspricht. Also ziehen Sie jetzt die Reißleine!

Zu Ihrem Trost: Sie stehen nicht allein da. Auch ich hielt mich in meiner Führungsposition für unersetzbar. Täglich gingen – aufgrund meiner weitreichenden Entscheidungsbefugnisse an der Fakultät – viele mit mir zu Mittag essen. Nach meiner Amtszeit machte ich mir Gedanken, wie ich die vielen Mittagessen herunterfahren könnte, ohne meine bisherigen Begleitungen vor den Kopf zu stoßen. Die Gedanken hätte ich mir sparen können, denn zwei Wochen nach meinem Rückzug saß ich nur noch mit meinen engen kollegialen Freunden beisammen. Die Karawane war weitergezogen und hatte sich bereits meiner Nachfolgerin zugewandt. Ergibt ja auch Sinn, denn bei mir gab es nichts mehr zu holen. Dieser utilitaristische Umgang ist charakteristisch für Führungsrollen, denn die sind immer geborgte Macht und Beliebtheit auf Zeit.«

[Empfehlung] »Stellen Sie sich neu auf, beginnen Sie zu delegieren, sagen Sie höflich, aber bestimmt Nein und schaufeln Sie sich Zeit für Ihre Familie und Ihre wahren Freunde frei, die Ihnen auch bei einer Karrieredelle zur Seite stehen würden. Ihrer Gesundheit wird diese Konzentration auf das Wesentliche guttun und Ihrem Erfolg nicht schaden. Mehr geht nicht, oder?«

Sie sind hoch qualifiziert, aber Sie bringen es nicht zu Ende!

»Ich mache einen guten Job«, sagte die Corporate-Responsibility-Spezialistin, »aber es fehlt das i-Tüpfelchen, denn ich bringe Prozesse nicht konsequent zu Ende. Da fehlen mir die letzten Körner, für eine Sache einzustehen und sie auch abzuschließen. Ich scheue die Endgültigkeit und fühle mich übergriffig, als wenn ich mein Gegenüber zu etwas nötigen würde. Deshalb zögere ich.«

[Analyse] »Ihnen fehlt der Segen, sich durchsetzen zu dürfen. Sie haben Angst vor Ihrer eigenen Courage und vor der erfolgreichen Umsetzung Ihrer Themen, denn die haben praktische, auch herausfordernde Konsequenzen für die Mitarbeiterinnen und Mitarbeiter Ihres Unternehmens. Sie müssen den Kopf hinhalten, wenn es Proteste gibt oder man Ihnen signalisiert, dass Ihre Nachhaltigkeitsideen auf Widerstand stoßen. Vor diesen Konsequenzen scheuen Sie sich und deswegen machen Sie den Sack nicht zu.«

[Empfehlung] »Sie müssen entscheiden, welchen Weg Sie gehen wollen. Ob Sie zögerlich bleiben wollen oder ob Sie durchstarten möchten. Zu Ihrer Beruhigung, auch ich hatte vor Jahren Angst, konsequent meine Ziele umzusetzen, bis mir ein Schläger während meiner Zeit in der Justiz zeigte, dass ich es besser schnell lernen sollte.«

Ich plauderte ein wenig aus dem Nähkästchen und erzählte ihr von der Zeit, als ich Anti-Aggressivitäts-Trainings® für Gewalttäter in einem norddeutschen Gefängnis durchführte. Dieses Programm hatte ich zusammen mit einer interdisziplinären Arbeitsgruppe entwickelt und gerade darüber promoviert. Ich wusste also, worum es ging. Dachte ich zumindest – bis mich ein Gewalttäter während einer Therapiesitzung in die Luft hob und herumdrehte wie eine Puppe. Er wollte mir seine Kraft demonstrieren und zeigen, dass er mit meinem Behandlungsansatz nicht einverstanden war. Das war ihm gelungen. Und dann sagte er den Satz, der seinen Ärger präzisierte: »Frag mich nie wieder nach meinen Opfern. Hast du das verstanden? Die gehen dich nichts an.« Ich fragte erst einmal nicht weiter nach.

Zwei Tage später setzte ich die Behandlung fort. Diesmal begleiteten mich zwei erfolgreich therapierte Gewalttäter als Rückendeckung. Große, starke, finstere Typen. Meine erste Frage an meinen Schläger lautete: »Was war das für ein Geräusch, als du das Nasenbein deines Opfers gebrochen hast?«

Meine beiden Ex-Gewalttäter standen bei dieser Frage auf, gingen auf den Neuen zu, stellten sich hinter ihn und ergänzten: »Das interessiert uns auch!«

Der Neue kam ins Schwitzen. Er verstand nicht, warum die beiden Gewalttäter mir halfen und nicht ihm. Das verunsicherte ihn genauso wie die schiere körperliche Größe meiner Helfer. Er verzichtete darauf, mich erneut anzugehen. Er realisierte blitzschnell meine neue Übermacht und sagte: »Ihr nervt, ihr Spinner, aber von mir aus sage ich jetzt mal kurz was dazu …«

Ein Anfang war gemacht. Die Machtspielphase hatte ich gewonnen, das Gespräch über seine Straftaten konnte beginnen. Ich hatte mich nicht einschüchtern lassen, sondern den Sack zugemacht – wenn auch zwei Tage später, dafür aber sehr gut vorbereitet.

»Bei mir sind es ja keine Gewalttäter«, erwiderte die Corporate-Responsibility-Spezialistin, »sondern nur Leute aus unserem Unternehmen. Das müsste doch mit ein bisschen mehr Mut und Schärfe zu schaffen sein!«

Sie sollte zukünftig den Satz »Ich gehe offen in jedes Gespräch« nicht mehr benutzen. »Der klingt modern und freundlich, heißt aber übersetzt: Sie sind nicht final vorbereitet, haben kein klares Ziel definiert, lassen sich gegebenenfalls überreden und schauen einmal, was sich ergeben könnte. Sie überlassen damit Ihrem Gegenüber das Heft des Handelns und das wird Ihr Gegenüber ausnutzen. Das ist kein guter Gesprächseinstieg, sondern eine Strategie für Verliererinnen und Verlierer! Es ist besser, Sie wissen genau, wohin Sie wollen und welche Ergebnisse für Sie wichtig sind. Die gewünschten Ergebnisse müssen Sie vor jedem Gespräch klipp und klar im Kopf haben, sonst werden Sie sie nicht klipp und klar Ihrem Gegenüber kommunizieren können. Wenn Sie das nicht beachten, gelten Sie als nett. Das klingt wohlwollend und zeitgemäß, weil es der New-Work-Idee entspricht, die ein freundlicheres Miteinander fördert, nur adelt es Sie nicht als

Führungskraft. Nett reicht nicht. Sie müssen respektiert werden, damit Ihre Stimme in herausfordernden Situationen Gewicht hat. Dieser Respekt setzt sich immer zusammen aus Ihrem Fachwissen, Ihrer Fairness, Ihrer Durchsetzungsstärke und einem Hauch von Angst.«

»Ein Hauch von Angst? Ist das Ihr Ernst?!«

»Es ist gut, wenn alle in Ihrem beruflichen Umfeld wissen, dass Sie auch anders können, denn das Paradoxe an diesem Ansatz ist: Je mehr den anderen das klar ist, desto höflicher kommunizieren sie mit Ihnen.«

Ich erkläre alles in Ruhe und trotzdem machen die nichts

»Mittlerweile habe ich den Eindruck, dass meine Anregungen und Hinweise bei meinen Mitarbeiterinnen und Mitarbeitern nicht ankommen. Dabei lasse ich mir Zeit bei meinen Ausführungen. Ich hake nach und frage: ›Könntest du dir das so vorstellen?‹, um sie so ins Boot zu holen.«

»Sie reden also viel und empathisch, kommen aber nicht zum Ende und reden auch noch im Konjunktiv, ob sich Ihr Team dieses oder jenes vorstellen könnte.«

»Ja, so ungefähr sieht das bei mir aus.«

[Analyse] »Ich frage Sie: Wer soll so ein schwammiges Gerede ernst nehmen? Wer viel im Konjunktiv redet, vermittelt Zögerlichkeit wie eine Person, die die Dinge nicht zum Abschluss bringen mag, was zur Verwirrung des Umfeldes führen kann, weil Sie damit eine Unverbindlichkeit formulieren, die niemanden anregt, Aufgaben ernsthaft umzusetzen.«

[Empfehlung] »Versuchen Sie zukünftig, Ihre Anliegen in höflichen und klaren 6-Wort-Sätzen zu formulieren, und verabschieden Sie sich dabei vom Konjunktiv. Dann ist Ihrem Gegenüber klar, was gewünscht wird, und er oder sie kann sich klar dazu positionieren und sich mit Ihnen darüber austauschen. Wenn Sie dann auf weitere Vorschläge oder Bedenken eingehen, ist das perfekt. Nur am Anfang sollte Ihre klare Ansage stehen, denn das ist die Diskussions- und Abstimmungsgrundlage – und an der hat es bisher bei Ihnen gehapert.«

»Eine kurze, klare Ansage? Ja, das müsste zu schaffen sein!«

»Ja, nehmen Sie das Beispiel aus der letzten Woche, als sich zwei Ihrer Kolleginnen informell beklagten, dass Ihr IT-Experte derart nebelig Fragen beantwortet, sodass sie nach den Gesprächen mit ihm nie schlauer sind und das angesprochene Problem nicht lösen können. Ihre Antwort an die beiden war: ›Das müssten wir uns mal anschauen.‹ Das ist eine selten dämliche, unverbindliche Antwort. Klartext wäre, den ITler unter vier Augen zu sich zu bitten und nach einigen wertschätzenden Anmerkungen zu sagen: ›Ich erwarte von Ihnen zukünftig klare Antworten. Klare Hilfestellungen. Keine Nebelkerzen!‹«

»Okay, verstehe, das waren aber jetzt elf Worte.«

»Das stimmt, Sie Schlaumeier.«

Der geht mir auf den Sack, aber ich werde ihn nicht los

»Der Mann ist in unserer Abteilung«, sagte sie, die den Standort einer Holding im Münsterland leitete. »Wenn der nur tief einatmet, bekomme ich schon die Krise, weil Worte folgen könnten. Er ist nicht die hellste Kerze auf der Torte und dann triggert er mich auch noch, weil er blöde Fragen stellt und mich an meinen Ex erinnert.«

[Analyse] »Viele haben Antipathien gegen Menschen, die sie nicht riechen können. Dass die Erinnerung an Ihre gescheiterte Liebe Sie triggert, ist eine biografische Schwäche, für die Ihr Kollege nichts kann, aber es ist eine stimmige Analyse. Ihr Wunsch, den Kollegen loszuwerden, wird nicht in Erfüllung gehen, denn den Einfluss, ihn zu kündigen, haben Sie nicht und arbeitsrechtliche Gründe für eine Kündigung haben Sie auch nicht. Ihr Ziel sollte daher eine innere Distanz sein, sodass dieser Mann nicht mehr die Macht hat, Sie in den Zustand von Verärgerung zu katapultieren.«

[Empfehlung] »Hören Sie auf, Gründe für Ihre Verärgerung zu identifizieren, sondern gehen Sie in die Umsetzung. Machen Sie folgendes Experiment: Betrachten Sie ihn ab morgen als Ihren Patienten. Vielleicht reicht Ihnen das als alltagstaugliche Lösung. Verstehen Sie? Sie sind ab morgen seine Psychiaterin und er ist Ihr Patient, dessen wirres Gerede Sie mit therapeutischer Nachsicht betrachten. Aus der Perspektive seiner Psychiaterin werden Sie diesem ›Psycho‹ Gelassenheit und Nachsicht entgegenbringen können.«

»Das ist aber eine ungewöhnliche Empfehlung.«

»Mag sein, aber *it works*, wie ich aus eigener Erfahrung weiß. Ich habe einen Dummschwätzer in meinem Umfeld, der mich lange Nerven und Zeit gekostet hat, weil er zu *allem* eine bedeutungslose, aber leidenschaftlich vorgetragene Meinung hat. Seit ich ihn als meinen Patienten betrachte, kann ich seine Beiträge entspannt ignorieren.«

Diese Strategie funktioniert nicht nur im Business, sondern auch bei problematischeren Kalibern wie dem Hochaggressiven, den ich vor Jahren hinter Gittern behandelte. Der Mann hatte Behandlungsbedarf, weil er schwere Körperverletzungen beging, wenn man ihn auf seine Hautfarbe ansprach, denn die war durch eine Pigmentstörung auffällig weiß. Selbst Blicke ließen seine Wut hochkochen – und Blicke trafen ihn häufig angesichts seiner 1,95 Meter Körpergröße und seines Albinismus. Er hatte im Knast das Problem, dass andere Gewalttäter mitbekommen hatten, dass man ihn so leicht zur Weißglut treiben konnte. Die Folge: Es hagelte im Gefängnis weitere Strafverfahren wegen Körperverletzung gegen ihn, weil er auf die Provokationen ansprang und zuschlug. Mit jedem neuen Verfahren verlängerte sich seine Haftzeit. Ein Teufelskreis!

»Ich muss meine Aggressionen endlich in den Griff bekommen, sonst komme ich hier nie mehr raus. Ich lasse mich einfach zu schnell provozieren!« Mit diesen Worten begann unser Erstgespräch und am Ende der Sitzung gab ich ihm folgenden Auftrag: »Betrachte jeden Provokateur als deinen Patienten!«

Er nahm den Auftrag an, bastelte sich in seiner Zelle Visitenkarten mit dem Namen des Anstaltspsychiaters und sagte dem ersten Provokateur, den er nach unserem Gespräch im Gefängnishof traf: »Du provozierst mich und wirkst dabei auf mich aggressiv. Aber ich habe hier Hilfe für dich. Nimm diese Karte, mach einen Termin und geh zu unserem Psychiater. Der kann dir helfen. Und solltest du jetzt sauer werden und mich schlagen wollen, dann lasse ich mich fallen, mach eine Anzeige gegen dich und kauf mir vom Schmerzensgeld Bose-Boxen für meine Anlage.« Der Provokateur starrte ihn irritiert an, dachte vermutlich: Jetzt dreht der völlig durch, und ließ von ihm ab. Der ›Albino‹ sprang nach diesem und weiteren Erfolgserlebnissen auf Provokationen nicht mehr wie ein Duracell-Männchen an, sodass die Lust der Mitinsassen einschlief, ihn weiter mit seiner Hautfarbe zu provozieren.

Es ist gut, höfliche Distanz zu denen aufzubauen, mit denen Sie wenig zu tun haben möchten, aus welchen nachvollziehbaren oder irrationalen Gründen auch immer!

Ich glaube, ich bin safe im Unternehmen, aber sicher bin ich mir nicht

»Ich glaube, ich bin *safe* in unserem Unternehmen!«, sagte der Head of Key Account Sales und Mitglied der Geschäftsleitung. Schön, wer das von sich sagen kann, denn Innovationen, Umstrukturierungen, Lean Management und neue Arbeitsmodelle machen Arbeitsprozesse immer unberechenbarer. Sales verantworten und den Durchblick behalten, um bösen Überraschungen zu entgehen, ist nicht einfach.

Deswegen überprüft er sein Standing regelmäßig anhand von drei Fragen, die ich auch Ihnen ans Herz legen möchte, als 1A-Präventionsmaßnahme:

»Welche neuen Entwicklungen im Unternehmen könnten Sie gefährden? Gibt es Umstrukturierungen zu Ihrem Nachteil oder verlässt einer Ihrer wichtigen Fürsprecher das Unternehmen, sodass Sie in Krisen schutzloser dastehen?«

»Wer weiß Dinge aus der Gegenwart oder der Vergangenheit über Sie, die Ihnen schaden könnten, weil Sie Missmanagement betrieben und unsauber gearbeitet haben, sodass ein kleingeistiger Jurist Ihnen daraus einen administrativ-juristischen Strick drehen könnte?«

»Aus welchem Bereich könnte zukünftig Ärger drohen, weil dieser Bereich auf Ihre Kosten expandieren will oder es Kolleginnen und

Kollegen gibt, die Ihren Arbeits- und Führungsstil nicht wertschätzen und Sie lieber heute als morgen absägen würden?«

Wenn keine Entwicklung Sie gefährdet, wenn niemand juristisch Verwertbares über Sie weiß und wenn andere Abteilungen Sie nicht bedrohen, dann haben Sie ein entspanntes Berufsleben. Dann sind Sie *safe*. Wenn dem nicht so ist und Sie eine oder mehrere der Fragen bejahen müssen, dann sollten Sie Strategien entwickeln, um die Stolpersteine aus dem Weg zu räumen. Dabei steht immer an erster Stelle die Frage, was Ihr konkretes Ziel ist und wer Ihnen aus Ihrem Netzwerk dabei helfen kann, dieses Ziel zu erreichen, etwa Sie vor zukünftigen Angriffen zu schützen. Eines ist sicher: Als Einzelkämpferin oder Einzelkämpfer sind Ihre Aussichten, Ihr Ziel zu erreichen, gering. Daher ist Networking statt Lonely Wolf das Credo der Peperoni-Strateginnen und -Strategen!

Bevor ich mich aufrege, mache ich's selbst!

Selbstoptimierung hat das Ziel, dass Sie immer ein kleines Stück besser werden. Im Job, im Umgang mit der Familie, in der Umsetzung Ihrer beruflichen und privaten Visionen. Dass wir auf dem richtigen Weg sind, erkennen wir daran, dass wir uns besser fühlen. Nicht schlechter, wie im folgenden Beispiel.

»Ich habe hohe Ansprüche an mich, in jeder Beziehung«, sagte die Personalmanagerin einer Zeitarbeitsfirma. »Viele meiner Kolleginnen und Kollegen werden meinen Ansprüchen aber nicht zu 100 Prozent gerecht. Bevor ich mich aber über deren Mittelmäßigkeit aufrege, optimiere ich das selbst, allerdings auf Kosten meiner eigentlichen Aufgaben, die mich schon mehr als genug zeitlich beanspruchen.«

[Analyse] »Sie haben kein zielführendes Mindset, denn je weiter Sie aufsteigen, desto breiter wird Ihr Aufgabenbereich werden, sodass Ihre Strategie, praktisch alles selbst zu erledigen, nicht mehr aufgehen wird. Ihre Haltung ›Bevor ich mich aufrege, mache ich es selbst‹ klappt bei einem kleinen Team, aber nicht, wenn Ihre Personalverantwortung steigt.«

[Empfehlung] »Sie müssen nicht in allem gut sein, nicht einmal in Ihrem direkten Aufgabenbereich. Sie müssen aber delegieren können, wenn es zu viel Arbeit für Sie wird oder andere etwas besser können als Sie. Das gelingt Ihnen aber nicht, sonst würden Sie nicht alles an sich ziehen, was suboptimal läuft. Ihre zentrale Aufgabe sollte es sein, das Delegierte zu kontrollieren, denn damit kompensieren Sie Ihre eigenen Schwächen, entlasten sich und würdigen die Stärken der anderen, um zu einem besseren Gesamtergebnis zu gelangen.«

»Das ist leichter gesagt als getan. Haben Sie das denn hinbekommen, Aufgaben zu delegieren, die Sie belasten?«

»Das habe ich gelernt und heute delegiere ich so ausufernd, dass ich mich in meinem eigenen Institut überflüssig gemacht habe und wenn es mir nicht gehören würde, hätte man mich vielleicht schon gefeuert. So weit müssen Sie nicht gehen, aber irgendwo dazwischen liegt die Wahrheit! Früher belasteten mich Aktenanalysen, die ich in meiner Justizzeit durchführen musste. Die Analyse dieser Wälzer mit ihren Urteilen und Verwaltungsakten und das Erstellen der entsprechenden Gutachten, etwa zur vorzeitigen Entlassung, trieben mich in den Wahnsinn! Meinem Kollegen ging diese Tätigkeit leicht von der Hand, aber er litt unter den Einzelgesprächen, die er *face to face* mit den gefangenen Kriminellen zu führen hatte. Die machten ihm Angst. Zu Recht, denn es beeindruckt, wenn einem ein verurteilter Geldeintreiber signalisiert, die Klappe zu halten, oder ein Mann mit Verbindungen zur Organisierten Kriminalität plötzlich Wünsche formuliert, die sich wie Forderungen anfühlen, denen man nicht widersprechen sollte. Mir machten diese Gespräche immer Spaß, warum auch immer. Also haben wir getauscht. Win-win! So haben wir beide unsere Schwächen delegiert. Und Sie? Wenn Sie das Delegieren nicht lernen, dann bleiben Sie das Opfer Ihrer Ich-erledige-alles-selbst-Strategie! Für umfassendere Aufgaben disqualifizieren Sie sich damit.«

»Delegieren, kontrollieren, Unangenehmes tauschen. Hab's verstanden. Das müsste ich hinbekommen.«

Ich führe erfolgreiche Onboarding-Gespräche, aber ich hasse sie

»Ich kann sehr erfolgreich Beratungsgespräche durchführen, die mein Business betreffen, aber ich hasse diese Gespräche, sie belasten mich, sie machen mir keinen Spaß und um das ganz deutlich zu sagen: Sie erschweren meinen Schlaf und belasten mein Leben.« Der Mann ist ein Online-Business-Unternehmer, der gerade seine erste Umsatzmillion eingefahren hat, dokumentiert durch seinen Award von Funnel-Cockpit. Mit 26! Er ist beeindruckend erfolgreich, aber unglücklich.

[Analyse] »Sie sind ein kluger Kopf im Skalieren, aber eine Niete im persönlichen Beratungsgespräch, das zu Ihrem Kerngeschäft zählt. Sie haben das Talent, Neueinsteigern Ihr Businessmodell schmackhaft zu machen, und die Feedbacks zu Ihnen im Netz sind klasse. Das ändert aber nichts daran, dass Sie ein Macher sind, aber kein Erklär-Bär! Es ist richtig, dass Sie sich Ihr Beratungselend eingestehen, das Ihnen schlaflose Nächte bereitet, und dass Sie es nicht dauerhaft in sich hineinfressen wollen und sich selber quälen. Das generiert auf Dauer keinen Erfolg, sondern Unglück.«

[Empfehlung] »Die Empfehlung für sie ist naheliegend, einfach, und ich vermute, Sie haben schon selber daran gedacht. Sie werden das Ganze an eine neue Mitarbeiterin oder einen Mitarbeiter delegieren, die die Onboarding-Gespräche zukünftig mit Ihren Neukunden führen. Die Erfolgsprovisionen, die Sie dafür zahlen werden, machen Sie ein wenig ärmer, aber wir sprechen hier vom Leiden auf hohem Niveau. Ihre Lebensfreude wird wieder steigen, weil Sie die Face-to-Face-Gespräche loswerden, die Sie über Monate belastet haben.

»Delegieren ist schön, aber auch teuer!«, resümierte er.

»Wem sagen Sie das, denn ich delegiere so leidenschaftlich, dass ich vor lauter Langeweile zum Sport gehe oder an den Strand oder in gute Restaurants oder ich fahre zur Tea-Time ins Hotel Vierjahreszeiten an der Hamburger Alster. Diese Freiheit gönne ich mir und Sie gönnen sie sich zukünftig auch.«

Ich habe Angst, im Meeting untergebuttert zu werden

»Es ist mir peinlich, über meine Sorge zu sprechen, aber alleine bekomme ich sie nicht in den Griff. Ich habe Angst, dass ich beim nächsten Meeting untergebuttert werde, wenn ich über mein Projekt oder über Pläne für unseren Bereich spreche. In meiner Fantasie werden meine Ausführungen von den Kolleginnen und Kollegen infrage gestellt oder es werden von mir Erläuterungen verlangt, die ich nicht liefern kann, sodass ich im Erdboden versinken möchte. All diese Befürchtungen haben sich bisher nicht bewahrheitet. Mich beruhigt das aber nicht, denn ich denke: Puh, gerade noch einmal gut gegangen, und dann zittere ich dem nächsten Treffen entgegen.«

[Analyse] »Ihre Mischung aus Versagensängsten, Lampenfieber und Abhängigkeit vom Urteil der anderen ist ein belastender Cocktail. In Ihrem Denken sind Sie der Angeklagte und Ihre Teammitglieder sind Staatsanwälte und Richter in Personalunion. Damit geben Sie Ihrem kollegialen Umfeld die Macht, über Ihr Wohl und Wehe zu bestimmen.«

[Empfehlung] »Es sollte umgekehrt sein. Ihnen sollte es scheißegal sein, wie die anderen über Sie denken, solange Sie Ihren Job so seriös machen, dass Sie in den Spiegel schauen können. Um das zu erreichen, müssen Sie Ihre Kolleginnen und Kollegen vom Podest stoßen und sich selbst – mit einem Augenzwinkern – erhöhen. Der Fachbegriff für diesen Wandel lautet Above-Average-Effekt, denn Sie sollten jetzt ein Mensch werden, der davon überzeugt ist, besser als der kollegiale Durchschnitt zu sein. Mir hilft das seit Jahren, mit Druck gut zurechtzukommen. Kurz gesagt: Wenn Sie etwas vortragen, dann ist das Perlen vor die Säue werfen; dabei sind Sie die Perle, Ihre Zuhörer sind die Säue. Was denken Sie? Haben Sie Interesse, sich so zu wandeln?«

»Alles ist besser als mein jetziger Zustand, aber wie setze ich das um? Ich mache mir Vorwürfe und habe ein schlechtes Gewissen, wenn es in meinem Bereich nicht optimal läuft. Dann wälze ich mich nachts im Bett, weil ich grüble, wie ich die Fehlentwicklung hätte vermeiden können.«

»Das geht vielen so. Natürlich müssen Sie kurz darüber nachdenken, wieso etwas schiefgelaufen ist, denn Fehler sollen Sie nicht wiederholen. Die Betonung liegt auf ›kurz‹, denn es gilt der Grundsatz: Verschwende keine Gedanken an das Unabänderliche! Die Vergangenheit können Sie schlecht korrigieren, aber wenn Sie überlegen, wie sich der Fehler zukünftig vermeiden lässt, dann haben Sie Ihren Job erfüllt. Aber bitte ohne schlechtes Gewissen und schon gar nicht nachts im Bett.«

»Aber wie soll es gehen, wenn es mir den Schlaf raubt?«

»Mit einem Mindset-Satz, der Ihr schlechtes Gewissen wegfegen wird, so wie er auch meins weggefegt hat, nachdem ich Fehler begangen hatte. Der Satz lautet: ›Okay, das lief jetzt nicht gut, aber ehrlich gesagt wäre das Ganze ohne mich noch viel verheerender gescheitert! Die sollten sich über meine sanfte Bruchlandung freuen. Sonst hätten wir heute deutlich schwerwiegendere Probleme! Mit mir lief es nicht toll, aber ohne mich wäre es zum Absturz und zur Katastrophe gekommen. Die sollten mir alle dankbar sein!‹ Mit diesem schönen Gedanken werden Sie entspannt in die Welt der Träume gleiten. Sie werden schlafen wie ein Bärchen und am nächsten Tag die Kraft haben, über noch bessere Lösungen in der Zukunft nachzudenken. Wollen Sie zukünftig Niederlagen entspannter wegstecken, dann denken Sie in diese Richtung! Denn Niederlagen komplett vermeiden, das gelingt niemandem. Wie lange Sie sich mit den Gedanken an die Niederlage herumquälen, das liegt an Ihnen.«

Ich neige zur Selbstkritik und grüble zu lange

Zu viel Selbstkritik und zu viel Grübelei lähmten auch die Managerin in der Leasingsparte eines Automobilkonzerns.

»Ich neige zur Selbstkritik und grüble zu lange über die Dinge, die misslungen sind. Ich kann es nicht abstellen, obwohl es mich lähmt und unglücklich macht. Das verwirrt nicht nur mich, sondern auch meine Mitarbeiterinnen und Mitarbeiter, die sich auch nicht immer einen Reim auf mein Verhalten machen können. Irgendwie stehe ich mir selbst im Weg.«

[Analyse] »Ja, das tun Sie. Glücklich kann Sie dieser negative Denkansatz nicht machen, denn er fokussiert sich auf Ihre Vergangenheit. Die können Sie nicht mehr ändern, der Misserfolg ist nicht mehr zu korrigieren, er ist bereits geschehen. Ein Weltuntergang ist Ihr Misserfolg nicht, denn alle Macherinnen und Macher machen Fehler. Immer wieder. Shit happens, weil Trial and Error unvermeidbar ist, gerade wenn wir neue Wege ausprobieren müssen, so wie in Ihrer Mobilitäts-Branche, die durch Transformationsprozesse kräftig durchgeschüttelt wird.«

[Empfehlung] »Daher empfehle ich Ihnen die Einführung Ihres ganz persönlichen Winner Days, des Tages, an dem Sie ausschließlich von sich schwärmen. Diese positive 24-Stunden-Fokussierung ist kein Narzissmus, keine Arroganz und auch keine Angeberei. Es ist der Tag, der Ihnen deutlich macht, wie wertvoll Sie für Ihre Community sind. Am Winner Day benennen Sie die positiven Fakten Ihres beruflichen Werdegangs, auf die Sie stolz sind oder die andere an Ihnen gelobt haben, weil sie Ihnen gut gelungen sind. Mit dieser Positivanalyse nehmen Sie Ihrer selbstkritischen Grundhaltung den Raum und schaffen Platz für das Schöne an und in Ihnen. Den Misserfolgen Ihres Handelns können Sie sich gerne morgen widmen, wenn es unbedingt sein muss, weil Sie nicht ohne Masochismus leben können. Aber heute ist Ihr Winner Day!«

»Das fühlt sich für mich unrealistisch und übertrieben an!«

»Ja, genauso unrealistisch und übertrieben wie Ihre Selbstkritik! Daher brauchen Sie den Winner Day, um ein Gleichgewicht zu schaffen, denn Sie führen derzeit einen inneren Monolog, wägen ab, bremsen sich aus und pflegen Ihre Selbstzweifel. Entscheidungsprozesse ziehen sich dadurch in die Länge. Ihr Business wird mühselig und Ihre Leichtigkeit geht verloren. Das alles widerfährt Ihnen, weil Sie keinen klaren Kompass haben. Den klaren Kompass bekommen sie, wenn Sie sich über Ihre zentralen Regeln im Businessalltag klar werden und diese auch kommunizieren. Die Regeln könnten zum Beispiel lauten:

1. Bei schweren Krankheiten in der Familie nehme ich Rücksicht auf die Betroffenen und stelle ihnen Hilfe zur Seite, damit unsere Arbeitsprozesse trotzdem weiterlaufen. 2. Die Fehler der Neuen werden sofort thematisiert und Verbesserungen werden gemeinsam erarbeitet. Dabei gilt: Wertschätzung ihrer Gesamtpersönlichkeit bei punktueller glasklarer Fehlerkorrektur. 3. Termin-Pünktlichkeit ist mein oberstes Gebot (sorry, da bin ich zwanghaft).

Je klarer Sie sich in dieser Frage Ihrer zentralen Businessregeln entscheiden, desto automatisierter wird, laut Kognitionspsychologie, Ihr Handeln sein und desto weniger müssen Sie zukünftig ins Grübeln kommen. Das ist wie beim Autofahren, auch da laufen die Prozesse von Gas geben, Bremsen und Schalten automatisiert. Verraten Sie allen Ihre Regeln und Sie gelten als berechenbar. Das schätzen die Menschen!«

»Okay, damit fange ich an. Das ist handfest. Danach mache ich von mir aus auch den Winner Day.«

»Finde ich gut!«

Ich bin megagereizt und mache andere deswegen fertig

»Ich bin megagereizt, mich stresst alles. Die Politik, die gesellschaftlichen Debatten, der Klimawandel und die Diskussionen über Political Correctness. Mich stresst meine chronisch kranke Schwiegermutter und die daraus folgenden Belastungen für meine Frau und mich. Mich stressen unsere pubertierenden Jungs, die uns mit exzessivem Computerzocken, sporadischem Kiffen und unberechenbarer Stimmung das Leben vermiesen. Diese Gemengelage hat vor drei Tagen dazu geführt, dass ich eine Kollegin angeblafft habe und nun im Team wie ein Choleriker dastehe. Ich muss etwas ändern!«

[Analyse] »Die Gewissheit, nicht alles optimal im Griff zu haben, führt zu Stress und einer Angespanntheit, die die Falschen treffen kann. Der Stress resultiert aus der Erkenntnis, dass Sie derzeit mit zu vielen Bällen gleichzeitig jonglieren müssen, sodass immer wieder einer auf die Erde kracht und es knallt. Das gilt für Ihre berechtigten weltpolitischen Sorgen, die strafverschärfend durch Ihren Alltag ergänzt werden, in dem sie nicht einmal Ihre Söhne im Griff haben. Sind Sie deswegen ein Versager? Nein, denn kaum eine Familie hat ihre pubertierenden Kids tadellos im Griff. Sollten Sie deswegen eine Kollegin zusammenfalten? Nein!«

[Empfehlung] »Bei allem Verständnis für Ihre Situation, ja, Sie sollten etwas ändern. Starten Sie folgendes Sofortprogramm: 1. Schicken Sie Ihrer Kollegin noch heute eine Entschuldigungs-E-Mail mit dem Hinweis auf Ihr dünnes Nervenkostüm und sagen Sie auch Ihren Kolleginnen und Kollegen, dass Sie sich entschuldigt haben. 2. Sichern Sie Ihrer Liebsten weiterhin die Unterstützung für ihre kranke Mutter zu. Das wird ihr guttun, und was ihr guttut, entspannt auch Sie. 3. Unterstützen Sie Ihre Jungs weiterhin und bleiben Sie bei Fehlentwicklungen während der Pubertät gelassener, denn die werden nach der Pubertät wieder verschwinden. Seien Sie geduldig und machen Sie sich keine Vorwürfe, dass derzeit erzieherisch nicht mehr drin ist. 4. Vor allem: Ziehen Sie sich gesellschaftspolitisch zurück. Ignorieren Sie zu 90 Prozent die Nachrichten und die gesellschaftlichen Debatten. Pausieren Sie auf Instagram und Facebook. Vermeiden Sie Talkshows und Krisensondersendungen. Gehen Sie stattdessen joggen und hören Sie dabei Musik, die Sie ins Träumen oder in eine Partystimmung bringen wird. Trinken Sie Wein oder Champagner mit Ihrer Süßen und inszenieren Sie romantische Momente. Kurz: Sie müssen sich jetzt auf das fokussieren, was Ihnen Kraft gibt. Die Welt können Sie später retten. Setzen Sie diese Empfehlungen ab morgen um und Ihre Mega-Gereiztheit wird der Vergangenheit angehören!«

»Das mit dem Champagner gefällt mir, es ist alles einen Versuch wert.«

Ich spüre zu viel Druck

»Ich fühle mich ständig unter Druck. Vermutlich ist das normal, weil dieser Arbeitsbereich neu für mich ist, aber es fühlt sich seit meinem Start vor fünf Monaten unangenehm an. Ich bin hier unterwegs, weil meine Leitung möchte, dass ich mich breiter aufstelle. Das gelingt auch, denn ich mache Lernfortschritte. Trotzdem ist die Situation für mich belastend.«

[Analyse] »Sie fühlen sich in Ihrer neuen Arbeitssituation wie ein Schüler, der ein neues Fach belegt hat und der Angst hat, später durch die Prüfung zu fallen. Hier will man Sie aber nicht prüfen. Man will Sie fördern. Niemand erwartet, dass Sie als Neuer den Laden schmeißen. Man möchte, dass Sie einen groben Blick in dieses Arbeitsfeld werfen, damit es Ihnen vertrauter wird und Sie in Zukunft mit einem breiteren fachlichen Verständnis Ihre Entscheidungen treffen.«

[Empfehlung] »Hängen Sie die Bedeutung Ihres Einsatzes in diesem neuen Arbeitsfeld tiefer. Weder sind Sie noch werden Sie für die Entscheidungen, die hier fallen, verantwortlich sein. Sie sind jung und Sie sind die Zukunft, aber Sie müssen nicht heute liefern. Diese Erkenntnis Ihrer Bedeutungslosigkeit wird Druck aus Ihrem Kessel nehmen. Mittelfristig werden Erfahrung, Routine und wachsendes Fachwissen Ihnen helfen, denn viele schwierige Aufgaben, vor denen Sie dann stehen werden, sind Ihnen schon einmal begegnet. Sie fangen dann nicht mehr bei null an. Damit sich diese Richtung zügig entwickelt, nutze ich Basisregeln, an denen ich mich orientiere und die ich Ihnen ans Herz legen möchte:

- Bei meinen Kritikern filtere ich das Konstruktive heraus und den Rest trete ich in die Tonne.
- Ich prokrastiniere nicht und schiebe nichts bis auf den letzten Drücker auf, sondern erledige jeden Tag ein bisschen, sodass sich nichts aufstaut und sich auf Dauer zu einer ordentlichen Leistung addiert.

- Ich weiß, dass ich nicht unersetzlich bin. Ich kann auch nicht alles am besten. Deswegen delegiere ich, was möglich ist, und schaufle mir damit Zeit frei für schöne Dinge, die mir Kraft geben, wie meinen täglichen kleinen Strandlauf bei Wind und Wetter, was leicht zu realisieren ist, wenn man am Hamburger Elbstrand und am Timmendorfer Strand lebt.
- Kleine Fortschritte und Erfolge werden von mir konsequent gefeiert, denn jeder Schritt zählt und hebt meine Stimmung, ebenso wie die augenzwinkernde Erkenntnis, dass ich ein klasse Typ bin!
- Ich nehme die Dinge ernst, die ich mache, ohne mich dabei selbst allzu ernst zu nehmen.
- Nervensägen sortiere ich höflich, aber konsequent aus, so wie Menschen, die es nicht gut mit mir und meinen Projekten meinen.

Auf diese Weise geht der Ballast über Bord und es segelt sich leichter durch die Komplexität des Berufslebens.«

»Upps, das ist ja mal eine Ansage.«

»Eine, die Sie zukünftig beachten sollten, um das Heft des Handelns in der Hand zu behalten. Peperoni-Strateginnen und -Strategen sprühen vor Energie, sind mitreißend, ihr Glaube versetzt Berge und damit verkörpern sie das Gegenteil der ›German Zukunftsangst‹. Sie sind Chancen-Suchende, die ihre hochtrabenden Ideen einem humorlosen Realitäts-Check unterziehen, indem sie sich von nörgelnden Prokuristen, kritischen Controllerinnen oder einer pessimistischen IT-Security beraten lassen.

Ich selbst folgte als Institutsinhaber diesem Prinzip, als ich meiner sehr kritischen Geschäftsführerin vorschlug: »Nach meinem Eindruck haben wir gute Zahlen, wir könnten in jenes Projekt Geld stecken und mir auch noch etwas ausschütten.«

Ihre Antwort: »Nein, zu riskant, die Excel-Tabelle ist mittelfristig skeptisch.«

»Als Inhaber muss ich nicht auf sie hören, bin aber klug beraten, es zu tun, denn ihre Zahlen sind solide und meine Zukunftsvisionen müssen sich ihnen anpassen, um eine Insolvenz zu vermeiden. Ein gutes Teamplay!

Peperoni-Strateginnen und -Strategen betrachten die Zukunft als Chance, gerade in Krisenzeiten. Sie halten sich nicht lange mit der Frage auf, was in der Vergangenheit schiefgelaufen ist. Sie ziehen aus Fehlern ihre Schlüsse und machen einen Haken daran, denn übertriebene Selbstkritik betrachten sie als störend bei der Umsetzung innovativer Projekte. Da bleibt keine Zeit für Larmoyanz! Sie pflegen ihre gute Laune, stärken ihre berufliche Einsteckerqualität und setzen damit die Kraft frei, die es braucht, um in Konfliktsituationen zu bestehen.

Diese gute Laune gewinnt an Stabilität, wenn Sie es täglich schaffen, dass die Anzahl der positiven Bilder und Nachrichten, die auf Sie einströmen, die Anzahl der Katastrophenmeldungen überwiegt. Ob das gelingt, hängt von der Selektion ab, also ob Sie sich nach einem Katastrophentag im Job privat weiter mit dem Elend der Welt befassen oder sich den schönen Dingen widmen, etwa einem köstlichen gemeinsamen Abendessen, dem Knistern am Kamin, dem Lesen einer Erfolgsbiografie oder einem Film mit Happy End. Wer das Positive in die Waagschale wirft, stärkt sich und füttert seine gute Laune. Ergänzen Sie dazu Ihr dickes Fell, dann sind Sie gut für den Wettbewerb gewappnet und das Gefühl, ständig unter Druck zu stehen, wird der Vergangenheit angehören.«

Ich brauche ein dickeres Fell

»Ich brauche ein dickeres Fell, denn ich nehme mir zu viel zu Herzen, egal ob es die harmlose kritische Bemerkung meines Kollegen an meinem neuen Hosenanzug ist, eine Standpauke unserer Chefin oder ein Spruch wie ›Du siehst erschöpft aus‹, den ich mir gestern im Fahrstuhl anhören musste. Ich mache mir dann unnütze Gedanken über meine vermeintliche Erschöpfung. Liegt es am Alter? Immerhin gehe ich auf die 40 zu, oder liegt es am neuen Make-up? Oder sieht man mir den Streit an, den ich am Wochenende mit meinem Partner hatte? Ich denke zu lange darüber nach, auch am Abend oder am Wochenende, ganz egal, ob es berufliche oder private Aspekte meines Lebens betrifft.«

[Analyse] »Ihnen fehlt die Einsteckerqualität, weil Sie immer noch bereit sind, das negative Geschwafel Ihrer Umwelt ernst zu nehmen. ›Aus Kritik wird man klug‹ ist ein Satz, den man Ihnen eingeimpft hat, damit Sie schön devot zuhören, was die anderen an Ihnen auszusetzen haben. In der Pubertät galten Sie als zu dünn, nach Ihren Kampfsport-Einheiten im Judoverein als zu männlich und weil sie knapp 1,80 messen, als zu groß. Aber Sie galten nie als okay, so wie Sie sind. Obwohl Sie völlig okay sind, denn Kritik gab den anderen Macht über Sie und Ihre Stimmungen. Nicht gut!«

[Empfehlung] »Es ist Zeit, diese Macht zu brechen, indem Sie es kognitiv schaffen, allen Nörglern, Kritikern und Wichtigtuern einen ›Arschloch-Stempel‹ aufzudrücken. Wenn Sie zu dieser Unhöflichkeit bereit sind, wird sich Ihre Einsteckerqualität frei entfalten können. Sollte Ihnen das A-Wort zu drastisch erscheinen, dann suchen Sie sich eine gedankliche Schublade, in die Sie diese negativen Menschen stecken können. Bei mir kommt dieser nörgelnde Menschenschlag ins Kakerlaken-Fach. Gefällt Ihnen das besser?«

»Ich kann mir vorstellen, dass Ihr Schubladendenken funktioniert, aber ich finde es unmenschlich und empathielos. So verroht möchte ich nicht denken.«

»Ihre Sorge ist unbegründet, denn Sie sollen ja nicht *wirklich* Ihre Nörgler zu Kakerlaken degradieren. Dieses Bild ist ein kognitiver Schutzschirm aus Teflon, der alle unnötige Kritik an Ihnen abperlen lässt, sodass das Genörgel Sie nicht mehr erreicht. Das schafft ein dickes Fell und wer ein dickes Fell hat, hat es immer schön warm und flauschig, macht sich keine großen Gedanken über Fehler und Vorwürfe und schläft entspannt. Ein schönes Ziel, oder?«

»Ich muss darüber nachdenken, vielleicht probiere ich es aus …«

Ich habe es ausprobiert, denn mir begegnen immer noch kritische Zuschreibungen, wie in dem Pressegespräch vor zwei Wochen: »Krawatte? Weißes Hemd? Das ist nicht gerade das Steve-Jobs-Outfit, das Sie heute tragen«, kommentierte die Journalistin eines Wirtschaftsmagazins mein Outfit während unseres Interviews.

»Wissen Sie, ich halte eine dunkelblaue Krawatte und ein weißes Hemd für hanseatisch und stilvoll«, erwiderte ich, »denn ich bin ein

Freund des symbolischen Interaktionismus und mir meiner Wirkung in unterschiedlichen Kontexten bewusst. Je nach Lesart symbolisiert mein Outfit Seriosität, so denke ich, oder *old fashioned,* so denken leider Sie, oder es symbolisiert White-Collar-Crime, das denkt der Zoll, wenn er mich mit meinem Alukoffer bei den Rückflügen aus Zürich am Hamburger Flughafen herauswinkt.

Wir alle unterliegen kritischen Zuschreibungen, egal wie wir uns drehen und wenden und egal ob wir das wollen oder nicht. Die Glücklichen unter uns wissen damit umzugehen, es nicht persönlich zu nehmen und sind in der Lage, mit den Zuschreibungen anderer gelassen umzugehen. Denn diese Zuschreibungen verraten mehr über den Kritiker als über Sie oder mich.«

Ich kann keine Prioritäten setzen

»Ich bin breit aufgestellt, habe vielseitige Interessen und auch Begabungen. So langsam dämmert mir allerdings, dass ich mich in meiner Vielseitigkeit verliere. Das drückt sich auch in einer Unkonzentriertheit aus, die mich fragen lässt, in welchem Hotel in welcher Stadt ich eigentlich gerade liege und welches Projekt der Anlass für meinen Aufenthalt dort ist.«

[Analyse] »Sie können den Verführungen der Angebote an Sie nicht widerstehen. Das ist menschlich, denn Sie haben in der Regelzeit studiert, parallel dazu Ihr Business aufgebaut und recht schnell das erste Mal sechsstellige Umsätze generiert. Jetzt haben viele Ihr Potenzial erkannt und werben mit verlockenden Angeboten und Sie greifen zu. Jedes Mal, denn Sie wollen die Früchte Ihres Engagements ernten und sie nicht verfaulen lassen. Aber auch Ihr Tag hat nur 24 Stunden. Sie überfordern sich mit Ihrer Maßlosigkeit und werden kurzfristig Kunden und Partnerinnen und Partner enttäuschen oder verlieren, denn die wollen nicht zum Nebenprodukt Ihres Aktionismus werden. Sie laufen Gefahr, im Erfolg zu scheitern.«

[Empfehlung] »Es muss aber nicht so kommen. Schicken Sie mir bis zum Wochenende eine Liste mit Ihren fettesten Zeitfresser-Aufgaben und ordnen Sie diese nach Wichtigkeit und Finanzkraft.«

»Wie soll das gehen? Die sind alle wichtig, sonst hätte ich sie gar nicht angenommen.«

»Ich weiß. Dennoch müssen Sie subjektiv-egoistisch diese Prioritäten setzen. Sonst werden Sie wegen Überlastung mittelfristig untergehen oder Ihr Privat- und Familienleben aufgeben müssen, denn Ihr Pensum kann nur ein egomanischer Single bewältigen, der das ohne Rücksicht auf Verluste tagtäglich durchzieht. Sollte das Egomanische Ihre Perspektive sein, ist das okay für mich. Falls nicht, müssen Sie jetzt priorisieren.«

»Wenn ich etwas aussortiere, werde ich einige Leute verärgern.«

»Es kommt darauf an, wie Sie das kommunizieren. Natürlich wird irgendwer Ihre neue Prioritätenliste für Schrott halten. Das können Sie aber abfedern, indem Sie die richtigen Worte für Ihre Neuorientierung finden, wie neue familiäre Verpflichtungen, die Unterstützung Ihrer erkrankten Eltern oder die Herausforderungen eines Lebens mit Ihren Kindern, die Sie nicht ins Internat abschieben wollen. Irgendetwas, das Sie in ein verantwortungsvolles und menschliches Licht stellt. Dafür zeigen fast alle Verständnis, weil sie es selbst schon erlebt haben. Unterlassen Sie aber Ihre Priorisierung, droht Ihnen der Überforderungsabsturz und dann geht alles chaotisch und überstürzt den Bach runter – und das wäre doch schade bei Ihren Qualitäten!

Meine Vielschichtigkeit führt zu Verwirrungen

»Ich bin eine fachlich kompetente und vielschichtige Managerin und mit meiner Vielschichtigkeit, die meiner Kindheit im Senegal und meiner Jugend in Frankreich geschuldet ist, stifte ich Verwirrung. Bei Rückmeldungen unserer Hausspitze heißt es, ich sei zu individuell, zu schwer zu berechnen und aus Sicht meines Teams unklar in meinen Entscheidungsfindungsprozessen. Ich halte diese Rückmeldungen für völligen Blödsinn, außer vielleicht mein partielles Herumgeeiere bei der Entscheidungsfindung, aber das ist natürlich zu undifferenziert formuliert, um die Bedenken in unserer Hausspitze insgesamt auszuräumen.«

[Analyse] »Ja, Sie sind wirklich kompetent, aber Sie haben bisher vergessen, Ihren internationalen Weg und Ihre Art der Führung zu kommunizieren, sodass Ihre Kolleginnen und Chefs wissen, woran sie eigentlich bei Ihnen sind. Die können eine senegalesisch-französische Erfolgsfrau, die in Deutschland über Foucault promoviert hat, nicht interpretieren. Deswegen gelten Sie als jemand, der intransparent ist und den man nur schwer berechnen kann. Das ist nicht gut.

Sie wissen genau, wer Sie sind und was Sie können, aber Sie verraten es niemandem. Sie empfinden das Sprechen über Ihre Qualitäten als unangemessen und überflüssig. Deswegen schweigen Sie und erwarten von Ihren Kolleginnen und Kollegen, dass diese Sie korrekt wahrnehmen, obwohl Ihre Art – von außen betrachtet – als speziell wahrgenommen wird. Das führt dazu, dass Ihr berufliches Umfeld Sie so interpretiert, wie es ihm in den Sinn kommt. Was bei diesen Interpretationen herauskommt, kann stimmen, muss es aber nicht.«

[Empfehlung] »Durch Ihre Zurückhaltung oder, böse formuliert, Ihre Kommunikationsfaulheit verlieren Sie die Interpretationshoheit über die Wahrnehmung Ihrer Persönlichkeit. Das Ergebnis dieser Fremdinterpretationen ist, dass Sie als ›schwer zu berechnende‹ diverse Managerin stigmatisiert werden. Das ist nicht karrierefördernd, weil man Ihnen damit Kommunikationsstörungen unterstellt. Das sollten Sie schleunigst ändern! Positionieren Sie sich glasklar und kommunizieren Sie das Ihren Teammitgliedern in Einzelgesprächen und im Anschluss im Meeting vor versammelter Mannschaft, nach dem Motto: ›Liebe Kolleginnen und Kollegen, so und so ticke ich, weil mich mein internationaler Lebensweg so und so geprägt hat.‹ Auf diese Weise machen Sie sich transparent und berechenbar. Da wird es dann keine zwei Meinungen mehr geben, nur Ihre! Damit räumen Sie die Fehlinterpretationen über sich komplett ab. Voilà!«

Ich kann einfach nicht abschalten

»Ich kann mich nicht mehr richtig konzentrieren. Ich muss Wichtiges für die Firma erledigen, habe Zeitdruck, aber meine Gedanken schweifen ab. Ich bin im Tunnel, bin nicht klar im Kopf und habe schon das ganze Wochenende vergammelt, statt mich zu ordnen und zu konzentrieren. Rutsche ich in ein Burn-out?«

[Analyse] »Nein, das ist kein Burn-out, denn dafür müssten Sie umfassend leistungsunfähig sein. Sie müssten starke emotionale, physische und psychische Erschöpfungszustände zeigen plus Schlafstörungen, Insuffizienzgefühle, Entscheidungsunfähigkeit, Gleichgültigkeit, Neigung zum Weinen, Ruhelosigkeit und Verzweiflung. Das alles trifft auf Sie nicht zu. Trotzdem sollten Sie Ihren Konzentrationsmangel ernst nehmen. ›Wehret den Anfängen‹ sollte Ihre Devise lauten, denn Sie beherrschen es nicht, einfach abzuschalten, die Seele baumeln zu lassen, ganz sorgenfrei. Wer nicht punktuell abschalten kann – für eine Stunde oder für einen Tag –, der macht sich auf Dauer verrückt, der geht in der Flut der Herausforderungen unter und wird nicht den langen Atem haben, seine Interessen durchzusetzen. Es wäre schade, wenn Ihnen das widerfährt, weil Sie ein feiner Mensch sind!«

[Empfehlung] »Geben Sie sich den Segen, ohne schlechtes Gewissen abschalten zu dürfen – gerade in herausfordernden Zeiten. Gedanken über die Herausforderungen und Belastungen können sich gerne morgen wieder melden. Dann können Sie auch die Horrornachrichten dieser Welt wieder konsumieren. Nur nicht heute. Heute schauen Sie in Ruhe aus dem Fenster, in den Himmel. Vielleicht ist der schön blau und es ist sonnig, oder er fasziniert mit seinen verspielten Wolken. Nichts tun statt high performen!

Üben Sie ernsthaft, ohne schlechtes Gewissen in den Erholungsmodus zu schalten. Machen Sie zwei Wochen Dienst nach Vorschrift oder lassen Sie sich ein paar Tage krankschreiben, um Croissants im Bett zu essen und Netflix zu schauen. Kämpfen Sie nicht gegen Ihre Unkonzentriertheit an, sondern machen Sie Sport, gehen Sie in die Natur, treffen Sie Freunde, schlafen Sie viel. Kritisieren Sie sich nicht für Ihre Leistungsschwäche, denn das passiert allen High Performern. Sie sind ein Guter und werden in zwei Wochen schon wieder im Saft stehen. Dann geben Sie Vollgas, ohne auf Schlaf, Freunde, Natur, Sport zu verzichten, denn wenn Sie darauf verzichten, werden die Einschläge in immer kürzeren Intervallen zurückkommen und das ist weder gesundheitsfördernd noch zielführend, was Ihre Karriere betrifft. Ihr Job lautet jetzt, vereinfacht formuliert: Finden Sie den Leistungsrhythmus, mit dem Sie high performen und gut und gesund alt werden können!«

Ich habe Ahnung und trotzdem Selbstzweifel

Die Pause-Taste sollte auch der Leiter des Baubüros eines deutschen Mobilitätskonzerns drücken, um Abstand zu seinen Selbstzweifeln zu erlangen.

»Ich habe alles von der Pike auf gelernt, dann studiert, auch in den USA. Jetzt bin ich drei Jahre im Unternehmen, gerade in die neue Position aufgestiegen und voller Selbstzweifel, weil ich glaube, nicht gut genug zu sein.«

»Vielleicht liegen Sie mit Ihrer selbstkritischen Analyse richtig und gehören zur Gruppe der topqualifizierten Fehlbesetzungen.«

»Meinen Sie das im Ernst?«

[Analyse] »Natürlich nicht, das war ein Scherz! So wie Ihnen geht es vielen, die beruflich wachsen. Mir selbst ging es am Anfang meiner Karriere auch so. Ich hatte immer das Gefühl, ich wäre mehr, als ich kann, und bald würde diese Hochstapelei durchschaut werden und alle würden rufen: ›Das ist nie und nimmer ein Professor, vielleicht ein Hiwi, aber mehr nicht!‹ Dieses Denken befeuerte meine Selbstzweifel. Dahinter steht Ihre und meine Ungewissheit, ob wir uns in einer neuen beruflichen Situation bewähren oder an ihr scheitern. Diese Frage stellt sich aber nicht die Leitung Ihres Unternehmens, denn die haben Sie in die neue Position gehievt, genauso wie mir seinerzeit meine Berufungskommission das Vertrauen ausgesprochen hat, indem sie mich zum Professor ernannte.«

[Empfehlung] »Dagegen können Sie zwei Dinge tun. Erstens können Sie durch Self-Assertive-Trainings Ihre Selbstbehauptungskompetenzen stärken. Dabei analysieren Sie Ihre Stärken und die positiven Gründe, die den Ausschlag gegeben haben, Sie aufsteigen zu lassen. Bei dieser Analyse werden Sie fachlich und menschlich gut abschneiden, denn die anderen Führungskräfte in Ihrem Unternehmen können sich eine langfristige Zusammenarbeit mit Ihnen in ihrem Leitungszirkel gut vorstellen. Auf dieses klare Bekenntnis dürfen Sie stolz sein.

Zweitens: Sie tun nichts und wundern sich darüber, wie Ihre Unsicherheiten in den nächsten zwei Jahren durch Ihre Routine und durch positive Rückmeldungen von alleine verfliegen. Niemand erwartet zum jetzigen Zeitpunkt von Ihnen Höchstleistungen. Man möchte nur – und das können Sie sich entspannt vor Augen halten –, dass Sie mit der Zeit in Ihre neue Rolle hineinwachsen. Das bedeutet auch, dass Sie keine Ihrer neuen Aufgaben selbstständig lösen müssen. Es wird sogar geschätzt, wenn Sie nachfragen und sich beraten lassen, wie man dieses und jenes optimal bearbeiten könnte. Die, die Sie fragen, werden sich gebauchpinselt fühlen, dass Sie deren Expertise interessiert! Bleiben Sie also gelassen, die Zeit spielt Ihnen in die Karten, und überbrücken Sie Ihre jetzige Phase des Selbstzweifels mit meinem augenzwinkernden Lieblingsspruch: ›Es wird nur der ein Superheld, der sich auch selbst für super hält!‹ Je mehr Erfahrung Sie in der neuen Position über die Monate und Jahre sammeln, desto mehr werden Sie sich tatsächlich wie ein Superheld fühlen. Herrlich!«

Ich glaube, ich bin das geborene Opfer

»Mein Berufsleben ist schwierig, weil ich mich wie das geborene Opfer fühle. An jeder Ecke erkenne ich Zurückweisungen, die mir die Freude an meinem Berufsleben vergiften. Zum Teil fühle ich das auch privat, denn dieser Opfergedanke ist mittlerweile Teil meiner DNA.«

[Analyse] »Ihr viktimologisches Lebensgefühl ist problematisch und es wird Ihrer Persönlichkeit, so wie ich Sie bisher kennengelernt habe, nicht gerecht. Sie befinden sich im Stadium der tertiären Viktimisierung, in dem die Gefahr besteht, die Opferrolle in das eigene Selbstbild zu übernehmen. Sollte sich diese Analyse bewahrheiten, dann reicht eine pragmatische Beratung für Sie nicht aus. In dem Fall wäre ein psychotherapeutischer Zugang sinnvoll, den ich Ihnen nicht bieten kann, denn dann wäre die Opferrolle Ihr prägendes Lebensgefühl, das Mitleid im Umfeld erzeugt. Dieses Mitleid führt zu Streicheleinheiten des Mitgefühls durch empathische Kolleginnen und Freunde. Was auf den ersten Blick sympathisch klingt, führt aber zu einer Verstärkung Ihrer Opferrolle, denn das Mitgefühl der anderen wird von Ihnen als sekundärer Gewinn wahrgenommen, als kleiner Vorteil im Meer der Hilflosigkeit, denn Opfer fühlen sich hilflos.«

[Empfehlung] »Sie haben Recht: Es wird höchste Zeit für Sie, diese Rolle zu verlassen! Und da Sie motiviert sind und sich nicht in Ihr viktimologisches Schneckenhaus verkriechen, ist die Wahrscheinlichkeit groß, dass Sie dieser Rolle wieder entkommen können. Daher meine erste Anti-Opfer-Frage an Sie: Benennen Sie alle beruflichen und privaten Bereiche, in denen Sie Ihr Leben selbstständig bestimmen können.«

»Oh, das sind gar nicht so wenige, zum Beispiel meine Urlaubsplanung, die Einrichtung meiner Wohnung, wie häufig ich analog oder digital arbeite, und ich habe Einfluss auf mein Einkommen, das von meinem Verkaufsfleiß abhängt.«

»Okay, denken Sie bis zu unserem nächsten Treffen intensiv darüber nach. Dann werden wir Punkt für Punkt auf Ihrer ›Ich entscheide selbst‹-Liste durchgehen. Sollte Ihnen dieser Zugang substanziell helfen, sich aus der Opferrolle zu verabschieden, dann wäre das wunderbar. Klappt das nicht, nehmen Sie bitte eine vertiefende psychotherapeutische Beratung in Anspruch.«

Ich habe Angst vor der Präsentation, die ich in Kürze abliefern muss

»Ich habe Angst vor der Präsentation, die ich in zwei Wochen abliefern muss. Ich schlafe schlecht und in meinen Träumen bin ich mit Situationen konfrontiert, die mich überfordern. Mich wundert das nicht, denn auf dieser Hierarchieebene habe ich bei uns im Unternehmen noch nie präsentiert. Da sitzt alles, was bei uns Rang und Namen hat! Das ist beunruhigend. Was ist, wenn ich's ausgerechnet an dieser Stelle vergeige?«

[Analyse] »Das wäre schlecht und Sie haben Recht mit Ihrer Einschätzung. Mit Ihrem Mindset und dem daraus resultierenden Lampenfieber werden Sie es vergeigen, denn Ihre Stress-Temperatur wird steigen, je näher der Termin rückt. Das kann für Sie zum Horror werden und die Vorboten spüren Sie schon jetzt. Bevor es dazu kommt, beantworten Sie bitte folgende Frage: Werden Sie der gestellten fachlichen Präsentationsaufgabe inhaltlich gerecht? Können Sie dort seriös liefern?«

»Ja, das kann ich.«

»Wie lange sollen Sie referieren?«

»Maximal 15 Minuten.«

[Empfehlung] »Gut. Bereiten Sie diese 15 Minuten bis übermorgen final vor. Im Anschluss tragen Sie sie mir einmal vor und wir optimieren gemeinsam. Das machen wir in drei Tagen. Ab da halten Sie das Kurzreferat drei Mal täglich vor einem Ganzkörperspiegel stehend bei sich zu Hause, damit Sie sich beim Aufschauen daran gewöhnen, dass man Sie zurück anstarrt. Durch die permanente Wiederholung werden Sie sich nach einer Woche schon anfangen zu langweilen, weil Sie sie routiniert draufhaben. Dieser Effekt der Langeweile führt dazu, dass Sie in zwei Wochen den Vortrag problemlos präsentieren werden. Diese Sicherheit wird Ihnen guttun, nur das Lampenfieber wird dadurch nicht ganz bezwungen sein.«

»Was kann ich denn dagegen tun?«

»Sie müssen sich klarmachen, dass Ihre Zuhörerinnen und Zuhörer, also der Führungsstab in Ihrem Unternehmen, einer der dümmsten Stäbe in ganz Deutschland ist! Wissen Sie, dass die alle Ihre Karriere nur geschafft haben, weil dort die Dummen weitere Dumme gefördert haben, damit man ihre eigene Dummheit nicht so schnell bemerkt? Wussten Sie, dass Ihre Präsentation vor diesem Gremium mit Ihrem Know-how zu viel des Guten ist, was die zum Teil gar nicht kapieren werden?«

»Spinnen Sie? Das sind ganz schlaue Leute bei uns!«

»Ja, ich spinne, aber ich spinne Sie zum Erfolg, denn ich weiß, wie das geht! Psychologisch gesehen ist Ihre Bereitschaft wichtig, Ihr Publikum auf Gartenzwergniveau schrumpfen zu lassen und sich selbst mit Ihrer Expertise zu überhöhen. Natürlich nur für diesen Auftritt! Wenn Sie bereit sind, Ihre Zuhörer nur für diese 15 Minuten kleinzureden, dann können Sie Ihr Lampenfieber minimieren, denn Sie sind während des Vortrages der Größte unter den Zwergen.«

»Wenn ich Ihnen zuhöre, muss ich lachen.«

»Das ist gut, denn Lachen bedeutet, dass Sie die Situation nicht todernst nehmen, und auch das reduziert Ihr Lampenfieber. Let's go!«

Ich kann nicht Nein sagen

»Ich bin ein freundlicher, fachlich ausgewiesener, ambitionierter Mensch, der davon ausgeht, dass sich Qualität durchsetzt. Deswegen setze ich mich Wettbewerbs- und Konkurrenzsituationen nur ungern aus, weil ich auch ohne sie weiterkommen müsste, wegen meiner Qualität. Man kann sich vernünftig miteinander abstimmen, vernünftig verhandeln und darauf achten, dass jede und jeder etwas vom Kuchen abbekommt, denke ich. Aber meine nette Win-win-Orientierung kommt nicht überall an. Ich habe das Gefühl, manche unterschätzen mich wegen meiner Freundlichkeit und versuchen mich zu übervorteilen, weil sie glauben, dass das bei mir geht. Das stört mich!«

[Analyse] »Ihre Karriereambitionen gefallen mir und Ihre Worte machen Sie sympathisch, aber nicht erfolgreich. Ihr Auftreten vermittelt das Bild eines Mannes, der nicht bereit ist, sich seinen Platz gegen Widerstände zu erkämpfen, sondern der erwartet, dass man ihm den Platz aufgrund seiner fachlichen Qualität freiwillig überlässt. Sie hoffen, die Mitbewerberinnen und Mitbewerber sagen: ›Das ist Ihr Thron, nehmen Sie bitte Platz.‹ Das ist ein schöner Traum, aber unglaublich naiv. Widerstände wird es auch bei Ihnen geben, denn Ihre angestrebte lukrative Position interessiert naturgemäß viele im Unternehmen. Mit Ihrer empathischen bis naiven Art ermutigen Sie Ihre potenziellen Widersacher, Sie zu attackieren. Aus deren Sicht sind Sie mit Ihrem defensiven Verständnis nicht einmal geeignet, einen ehrenamtlichen Kirchenkreis zu führen.«

[Empfehlung] »Werden Sie tougher! Zeigen Sie weniger Verständnis für kollegiales Fehlverhalten. Fordern Sie mehr. Setzen Sie Grenzen. Positionieren Sie sich klar und formulieren Sie Ihre Ansprüche höflich, aber bestimmt. Üben Sie jeden dieser Punkte. Sie sind schlau und werden das schnell erlernen können, vorausgesetzt Sie sind intrinsisch motiviert, diesen Schritt zu gehen. Oder schrauben Sie Ihre beruflichen Ambitionen ein paar Stufen nach unten. Oder verändern Sie nichts – und scheitern. Welchen Weg gehen Sie? Entscheiden Sie sich oder verheddern Sie sich in Ihrer Unklarheit!«

»Ich muss darüber nachdenken.«

»Das ist in Ordnung, aber nicht die richtige Antwort!«

»Ich weiß, aber geben Sie mir ein paar Tage Zeit zu prüfen, ob ich dazu bereit bin.«

»Selbstverständlich, denn das ist eine Entscheidung, die Ihr zukünftiges Leben beeinflussen wird.«

»Wahrscheinlich werde ich Ihnen zustimmen müssen, denn mir fällt es bei meiner Freundlichkeit auch schwer, Nein zu sagen. Das betrifft Kolleginnen und Chefs, aber Sie natürlich auch. Das Neinsagen müsste ich auch endlich lernen.«

»Ja, das fällt auf, denn Sie sind zu hilfsbereit, zu spontan und deswegen zu häufig bereit, Ja zu sagen, weil Sie sich zu schnell Arbeit von

Kolleginnen und Vorgesetzten aufdrücken lassen und Ihr Arbeitsvolumen auf diese Weise schneller anwächst, als es Ihnen lieb sein kann.

»Ja, das nervt, denn nach manchen Zusagen könnte ich mich in den Hintern beißen! Wie wäre denn Ihr Einstieg, das Neinsagen zu erlernen?«

»Einen praktikablen Einstieg in ein schönes Nein, also eines, mit dem Sie sich wohlfühlen, bietet die Supermarktübung, die ich Ihnen ans Herz legen möchte: Sie stehen an der Supermarktkasse. Ihr Einkaufswagen ist brechend voll. Alles liegt auf dem Band. Hinter Ihnen steht ein netter Typ mit einer Tüte Milch, einem Joghurt und einem freundlichen Lächeln. ›Könnten Sie mich kurz vorlassen? Ich hab' nur die zwei Sachen.‹

OPTION 1: Sie lassen ihn vor, sind nett zu dem Netten und beim Thema ›Durchsetzen‹ keinen Schritt weitergekommen. Das ist die Loser-Option. Sollten Sie die wählen, dann sagen Sie nie, ich hätte Sie beraten, denn das würde meine Reputation beschädigen.

OPTION 2: Sie sagen schroff: ›Sonst haben Sie kein Problem, oder? Nein!‹ Jetzt haben Sie sich durchgesetzt, schlechte Stimmung verbreitet und bis zum Ende des Einkaufs bohrende Blicke im Nacken. Das macht keinen Spaß, denn Sie haben die Aggro-Option gewählt. Die ist auch nicht empfehlenswert!

OPTION 3: Sie sagen: ›Natürlich können Sie vor – nur leider nicht heute. Gerne beim nächsten Mal.‹ Dazu gucken Sie noch etwas verknautscht, ohne eine weitere Begründung, denn die überlassen Sie der Fantasie Ihres Hintermanns. Die Reaktion ist fast immer verständnisvoll, wegen Ihres ›schönen Neins‹. Diese Option empfehle ich Ihnen, denn hier macht der Ton die Musik. Das schöne Nein klappt auch im kollegialen Umfeld, das gerne seinen Arbeitsschrott auf Ihrem Schreibtisch ablegen möchte, um es loszuwerden. Nach Ihrem ›Gerne, nur leider heute nicht‹ wird der Kollege, ohne beleidigt zu sein, wieder abziehen, den eigenen Mist selbst erledigen oder sich einen anderen Dummen suchen. Aber Sie sind aus dem Schneider!«

Ich werde unterschätzt, weil ich jung bin

»Jetzt habe ich die Leitung übernommen. Nicht nur als Führungskraft, sondern auch als Eigentümer, obwohl ich erst 32 Jahre alt bin. Mithilfe des Kapitals meiner Eltern, die an mich glauben, weil ich hoch spezialisiert bin. Unsere Branche ist hart umkämpft und mit vielen – auch älteren – Haudegen gespickt. Hier liegt mein Dilemma: Die unterschätzen mich wegen meines Alters. Die sehen in mir einen frisch gebackenen Uni-Absolventen, der ihr Sohn sein könnte, aber sie sehen niemanden auf Augenhöhe. Sie halten mich nicht für tough genug und sie trauen mir keinen langen Atem bei schwierigen Themen zu. Ich habe kein gutes Standing und muss mich abstrampeln, um wenigstens ansatzweise ernst genommen zu werden. Haben Sie Ideen, wie ich den Prozess des ›Ernstnehmens‹ beschleunigen kann?«

[Analyse] »Mangel an Erfahrung wird jedem jungen Newcomer von den Älteren unterstellt, außer es geht um digitale Themen, denn da gelten die Jungen als schlau und die Alten als unbeholfene Säcke. Aber Sie sind in Ihrem Business analog unterwegs und damit gelten Sie als grün hinter den Ohren, als einer, dem Mami und Papi mit einer Finanzspritze auf die Beine geholfen haben. Schlimmer geht's nicht. Dass sich diese Spritze für Ihre Eltern in kurzer Zeit amortisieren dürfte, das sehen Ihre Geschäftspartnerinnen und -partner nicht. Entsprechend ist Ihr Image derzeit nicht geschäftsfördernd.«

[Empfehlung] »Sie müssen Ihr Image aufpolieren. Jung, aber hart und abgezockt, wenn nötig, das wäre eine Richtung, die Ihnen bei den alten Haudegen helfen würde. Streuen Sie daher in informellen Gesprächen ›Geschichten der Härte‹ über sich ein. Etwas Unangenehmes, Schmerzhaftes. Geschichten, die Sie in ein Licht stellen, das so sehr nach Ärger riecht, dass die Haudegen die Sorge bekommen, dass dieser Ärger auch sie treffen könnte. Das wäre ein guter erster Schritt. Ich habe mir solche Geschichten auch überlegt, um mir Respekt zu verschaffen, als meine Reputation in jüngeren Jahren noch Luft nach oben hatte. Ich habe dann berichtet, dass ich sechs Monate rund um die Uhr in einem US-Gefängnis zu Forschungszwecken gelebt habe, um nach der qualitativen Methode der teilnehmenden Beobachtung das subkulturelle Leben von inhaftierten Schlägern zu beobachten. Von meinem muskelbepackten US-Bankräuber habe ich erzählt, der in derselben Unit mit mir zu der Zeit als Inhaftierter lebte und mir den Support gab, den ich in diesem Milieu brauchte. Von dieser ›Story der Härte‹ ließen sich meine Gesprächspartner beeindrucken. Mein damaliges harmloses Äußeres vom Typ Schwiegermutter-Liebling mutierte in ihren Augen plötzlich zu dem eines Kriminologen, der sogar in einem US-Knast klarkam. Das beschleunigte meinen Reputationsgewinn, den ich brauchte, um mit meinen herausfordernden Berufskollegen klarzukommen. Es galt plötzlich: ›Den darfst du nicht unterschätzen!‹«

Eine Woche später bot mir der 32-jährige Neu-Eigentümer folgende Story an, um sein Image bei seinen Haudegen-Geschäftspartnern aufzupolieren: »Jeden zweiten Tag klingelt mein Wecker um 4.30 Uhr. Mein Marathon-Training beginnt. Aufwärmen, dann 60 Minuten Vollgas, egal ob die Sonne scheint, es in Strömen gießt oder die Temperaturen unter den Gefrierpunkt sinken. Auch Blut in meinen Laufschuhen führt nicht zu einer Verschnaufpause, weil nach dem Blut die Hornhaut wächst. Ein cooler Prozess. Schmerzhaft, aber irgendwie auch geil!« Diese Story baute er in seine Tagesgespräche mit den Haudegen ein, ganz beiläufig (»Habe heute Morgen für den Lissabon-Marathon trainiert …«). Dazu hängte er großformatige Fotos in edlen Passepartouts und teuren Rahmen in sein Büro: sein vor Anstrengung verzerrtes Gesicht, schweißüberströmt in der Hitze, schlammverspritzt beim Tempomachen und das dritte Foto mit gefrorenen Augenbrauen und dampfender Kleidung in der Kälte. Jeder, der in sein Büro kam, fragte: »Sind Sie das?«, und er antwortete: »Ja, und bei dem Kältebild hatte ich sogar einen angebrochenen Zeh, der so tiefgefroren war, dass ich ihn beim Laufen nicht mal bemerkt habe.«

Seine fachliche Expertise und seine Geschichte der Härte brachten ihm bei seinen Haudegen den Respekt ein, den er brauchte, um für zukünftige Geschäfte ernst genommen zu werden. Er holte seine Gesprächspartner mit seinem Storytelling dort ab, wo sie standen. Er machte es damit seinen wichtigen Kunden leichter, ihn als Neu-Eigentümer anzunehmen.

Dieses Storytelling ist eine Strategie, die nicht jedem und jeder zusagen wird, die aber astrein funktioniert, und das »Abholen, wo sie stehen« ist der Schlüssel zum Erfolg.

»Klappt das auch bei Frauen?«, fragte mich eine Einzelhändlerin.

»Na klar. Wenn Frauen bissige Storys erzählen, glauben Männer das sofort, da jeder Mann schon zeitraubende Konflikte mit einer Frau im Beruflichen oder Privaten ausfechten musste und viele dabei den Kürzeren gezogen haben. Also ja, das weibliche Drohpotenzial wirkt!«

Wenn ich mich klar positioniere, klingt es wie Angeberei

»Für mich ist es wichtig, nicht anzugeben, denn das ist etwas für Blender und Narzissten! Ich stehe für sachliche Inhalte und Qualität, nicht für heiße Luft. Kolleginnen und Kollegen mit großem Auftritt und kleinen Inhalten sind mir ein Greul. Andererseits dringen die zum Teil mit ihren oberflächlichen Anliegen besser durch als ich. Das ist ärgerlich!«

[Analyse] »Ihre Haltung teile ich und sie klingt auf den ersten Blick sympathisch, denn erst kommt die Substanz und dann das Marketing. Aber hier liegt auch Ihr Dilemma, denn Sie belassen es bei der Substanz. Ihr katastrophales Selbstmarketing führt zu Ihrem Schattendasein und es ist sogar ziemlich arrogant!«

»Wieso ist es arrogant, wenn ich mir nicht selbst öffentlich auf die Schultern klopfe und mich für meine Glanztaten lobe?«

»Weil Sie erwarten, dass Ihre Kolleginnen und Chefs Ihre fachliche Schönheit erkennen und Sie, wie im Märchen, wachküssen und würdigen. Die sollen sich Mühe geben und erkennen, dass stille Wasser wie Sie tief sind, ohne dass Sie etwas dafür tun. So eine Haltung wirkt arrogant und ein bisschen kommunikationsfaul ist sie auch.«

[Empfehlung] »Legen Sie Ihre guten Karten auf den Tisch, um sie im Unternehmen proaktiv zu kommunizieren, damit alle wissen, woran sie bei Ihnen sind, denn niemand kauft gerne die Katze im Sack! Ihr Selbstmarketing wäre aus dieser Perspektive keine Angeberei, sondern Sie würden Ihrem Umfeld helfen, Ihre fachlich-positiven Seiten zu erkennen, ohne groß darüber nachdenken zu müssen. Sie müssen es ja mit Ihrem Selbstmarketing nicht übertreiben, aber schweigen und nichts tun ist keine Option, die zum Erfolg führt.«

»Ein interessanter Blickwinkel, den Sie aufzeigen. Klingt vernünftig, fühlt sich aber für mich noch nicht richtig an.«

»Okay, dann überlegen Sie sich eine Initiative, mit der Sie ohne Angeberei Ihre Vorzüge kommunizieren könnten.«

»Ja, ich würde einfach sagen, da und da bin ich gut!«

»Wunderbar, das ist ein zielführender Anfang, mit dem Sie Ihre Person kurz, knapp und positiv darstellen. Erläutern Sie dies den Entscheiderinnen und Entscheidern in Ihrem Umfeld unaufgefordert und auf Ihre dezente Art, denn verbiegen sollen Sie sich nicht.«

»Ich soll das proaktiv kommunizieren?«

»Richtig, denn wenn Sie es nicht tun, dann tut es keiner.«

Diese Positionierung fehlte der Mitarbeiterin einer Sparkasse, die fachlich das Potenzial zur Abteilungsleiterin hatte, aber in ihren eigenen Worten »unsichtbar« zu sein schien.

Ich bin unsichtbar im Unternehmen

»Ich bin fachlich qualifiziert, arbeite seriös meine To-do-Listen in der Bank ab, gelte als zuverlässig und bin kollegial gut integriert. So weit, so gut. Verrückt ist aber, dass ich unsichtbar bin. Damit meine ich, dass meine Wortbeiträge und Initiativen kaum auf Resonanz stoßen. Man nimmt sie nicht wahr und lässt mich links liegen. Ich bin aber hoffnungsvoll, dass zumindest mein direkter Vorgesetzter meine Qualitäten erkennt.«

[Analyse] »Unsichtbar? Wenig Echo? Hoffnung, erkannt zu werden? Da sind Sie zu optimistisch, denn Sie hoffen, dass Ihr Chef psychologisch so gut geschult ist, dass er in Ihnen erkennt, was andere nicht in Ihnen erkennen. Damit überschätzen Sie die psychologischen Fähigkeiten eines Bankers, der sich bevorzugt über Zahlen und weniger über Menschen, die für ihn arbeiten, Gedanken macht.«

»Ich habe befürchtet, dass Sie so etwas sagen, denn von meinen Wortbeiträgen wird so wenig Notiz genommen, dass ich mir langsam einbilde, dass sich alle abgesprochen haben, um mich zu provozieren, als wenn ich ein Geist wäre. Meine Gefühlslage lasse ich mir aber nicht anmerken, weil ich Angst habe, die denken, ich sei ein Psycho.«

[Empfehlung] »Sie sind kein Geist und auch kein Psycho, sondern ein sympathischer Mensch. Höflich, nicht wichtigtuerisch, kultiviert. Wenn Sie mehr Sichtbarkeit im Berufsleben erfahren wollen, dann reicht es aber nicht, nur ein feiner Mensch zu sein. Dann ist es wichtig, von Zeit zu Zeit Duftmarken zu setzen, um Aufmerksamkeit zu erregen. Bitten Sie zum Beispiel während der Meetings Ihre Kolleginnen und Kollegen, bestimmte Details zu präzisieren, weil Sie mit den bisherigen Infos nicht ganz zufrieden sind. Bringen Sie sie durch Ihren Präzisierungswunsch ins Schwitzen. Machen Sie das ein paarmal und alle zucken zusammen, wenn Sie nur tief Luft holen. Versprochen: Unsichtbar sind Sie danach nicht mehr! Jetzt müssen Sie sich nur noch trauen. Zweitens sollten Sie in einem Klartextgespräch mit Ihrem Chef erläutern, was Ihre Ziele für dieses Jahr sind, also was Sie inhaltlich und in puncto Karriere erreichen möchten. Fragen Sie ihn klar, wie er darüber denkt und ob er Ihre Vorstellungen teilt und Sie entsprechend fördert oder ob er das nicht vorhat. Nach diesem Gespräch, das erfreulich oder deprimierend für Sie verlaufen kann, haben Sie Ihre derzeitigen Optionen vor Augen und können Ihre Schlüsse daraus ziehen. Dann stochern Sie nicht mehr im Nebel, sondern haben eine klare Perspektive, die gut oder schlecht sein kann. Ist sie gut, können Sie einfach weiterarbeiten wie bisher. Ist sie schlecht, können Sie das Elend akzeptieren oder mittelfristig neue Wege einschlagen. Und drittens, wenn Sie etwas gut hinbekommen haben, dann kommunizieren Sie das. Immer wieder, beiläufig, dezent und das in unterschiedlichen Runden.

Damit definieren Sie Ihren Leistungsstand. Die anderen bekommen dann von Ihnen mit: Sie liefert! Oder Sie behalten Ihre Erfolge für sich, aus falscher Bescheidenheit. Dann bekommt es niemand mit und genau darüber reden Ihre Kolleginnen und Kollegen dann auch: ›Weißt du, was die eigentlich macht?‹ – ›Ne, keine Ahnung. Nichts?‹ Welche Definition Ihres Handelns würden Sie bevorzugen? Die eigene oder die fremdbestimmte? Sie müssen sich und Ihre Bedürfnisse wichtiger nehmen und in den Mittelpunkt Ihres Handelns stellen.«

»Das ist für mich nicht leicht, mich in den Mittelpunkt zu stellen.«

»Sie können es auch einfach lassen und bleiben the invisible woman.«

»Nein danke, davon habe ich die Nase voll.«

Sich selbst wichtig nehmen fällt vielen schwer, wie das folgende Beispiel unterstreicht.

Ich gebe zu schnell nach

»Ich bin ein fairer Kollege, bin fachlich auf der Höhe, engagiert und habe in der Firma ein gutes Standing. Ich werde von meinen Kollegen privat angefragt, wenn es zum Stand-up-Paddling geht, und meine Chefs weiß ich zu nehmen. Die Beziehungsebene habe ich drauf, aber in Meetings bin ich zu passiv, wenn es um Qualitätsforderungen geht, und in Verhandlungen bin ich zu defensiv und überlasse meinen Verhandlungspartnerinnen und -partnern das Feld.«

[Analyse] »Sie sind Mr. Nice Guy, ein Mann, der mit seiner Verbindlichkeit und seinem Charme gute Beziehungen aufbauen kann. Da, wo es nicht nice zugeht, wie in schwierigen Meetings oder bei Verhandlungen, tun Sie sich schwer und kommen mit Ihrer Art nicht weiter. Durch diese Unsicherheit sind Sie zu schnell bereit, auf die Gegenseite einzugehen. So werden Sie zum Meister fauler Kompromisse, der seinen eigenen Qualitätsansprüchen nicht gerecht wird. Dabei sind Sie schlau. Sie durchschauen die Strukturen, ohne sie aber zu beeinflussen. Sie haben keinen Zugriff auf die Situationen und Interaktionen, weil Sie sich selbst im Wege stehen.«

[Empfehlung] »Ergänzen Sie Mr. Nice Guy um 20 Prozent Biss, strategisches Gespür, Bauernschläue und Durchsetzungswillen. Bleiben Sie nice, aber nutzen Sie diese 20 Prozent, um Ihre Forderungen nach Qualität in den Raum zu stellen. Ganz humorfrei. Bevor Sie damit beginnen, kommunizieren Sie diesen Wandel bei Ihren Kolleginnen, Kollegen und Ihrer Chefin, damit die sich auf Ihre fordernde Qualitätsinitiative einstellen können, die zunächst unangenehm ankommen wird, da Sie den anderen nicht mehr den bequemen Weg erlauben. Ihr bissigeres Auftreten führt nicht automatisch dazu, dass Sie mit Ihren Erwartungen durchkommen werden, aber die Wahrscheinlichkeit steigt, dass Ihnen dies in Zukunft häufiger gelingen wird, denn wenn Sie fachlich und ernsthaft, also nicefrei, reden, so wie in unserem Vorgespräch, können Sie sehr überzeugend sein. Das beeindruckt nicht nur mich, sondern auch Ihr zukünftiges Gegenüber. Haben Sie den Mut, Ihre Qualitätsforderungen megawichtig zu nehmen und in die Welt hinauszuposaunen!«

Ich ignoriere Status und Hierarchie

»Ich ignoriere Status und Hierarchie, weil das Relikte aus der Business-Mottenkiste des letzten Jahrtausends sind und nicht mehr in die heutige Zeit passen. Das ist lächerlich und lenkt nur von den Inhalten ab. Ich kann Leute, die so agieren, gar nicht ernst nehmen, egal ob es sich um unsere Chefin handelt oder Mitglieder unseres Teams. Ich zeige das natürlich nicht nach außen, denn ich will mir durch meine kritische Sicht nichts verbauen, aber im Statussystem mitspielen, das will ich nicht, auch wenn ich das Gefühl habe, dass mich das Ganze ausbremst.«

[Analyse] »Mit Ihrer Status- und Hierarchieallergie legen Sie Ihren Fokus auf das Fachliche und das ist in Ihrem Bereich der Erneuerbaren Energien von immenser Bedeutung, auch für die Zukunft unseres Landes. Sie ignorieren damit aber alle Erkenntnisse der Mikrosoziologie, Sie ignorieren die formalen und informellen Entscheidungsprozesse und laufen Gefahr, mit Ihrer Ignoranz mit dem Hintern einzureißen, was Sie vorher fachlich präzise aufgebaut haben. Einflussreiche Akteure in Ihrem Unternehmen werden Ihre Ambivalenz spüren und Sie als unsicheren Kantonisten ausgrenzen, weil sie davon ausgehen, dass Sie nicht mitspielen wollen. Für Sie impliziert das das Karriereende.«

»An meinem Karriereende bin ich nicht interessiert und das wäre ja bei meiner Expertise auch unverantwortlich.«

[Empfehlung] »Sie überschätzen die Bedeutung Ihrer Qualität, denn ohne Loyalität in der Hierarchie Ihres Unternehmens ist die nicht viel wert. Ignorieren Sie Status und Hierarchie niemals bei denen, die sich ihr Ansehen und ihre hohe Position mit langem Atem erarbeitet haben, egal ob Geschäftsführerin, CEO oder Professor, denn die schätzen es, wenn Sie deren Aufstiegsleistung würdigen. Die Zielerreichung war für die meisten ein Kraftakt, für den sie Urlaube, Freizeit und Familienleben reduziert haben, das heißt, die Statushohen haben einen hohen Preis für ihre Karriere bezahlt – und jetzt kommen Sie daher und signalisieren, dass Sie das nicht die Bohne interessiert. Wenn Sie sich wünschen, dass Ihre Expertise nicht nur gehört wird, sondern sich auch durchsetzt, sollten Sie den Status anderer wertschätzen und die Hierarchie verstehen. Erst nach dieser Wertschätzung können Sie darauf hoffen, dass man offene Ohren für Ihre Belange hat, weil Ihr statushohes Gegenüber nun weiß, dass Sie seine oder ihre Aufstiegsleistung würdigen. Ignorieren Sie die Hierarchieregel, dann werden Sie an Grenzen stoßen, denn von oben erfahren Sie kaum Unterstützung, da Hierarchieignoranten weder geschätzt noch gefördert werden. Ich weiß, dass Ihnen diese Aussage missfällt, aber ich möchte nicht, dass Sie blind ins offene Messer laufen, sondern sehenden Auges, wenn Sie weiter aufs Ignorieren setzen. Sie können nach Ihrem Untergang zumindest nicht klagen, dass Sie es nicht gewusst hätten!«

»Das ist starker Tobak, aber weil Sie nicht in meiner Bubble sind, tausche ich mich ja mit Ihnen aus. Meine Bubble unterstützt mich in meiner Status- und Hierarchieallergie, aber damit bin ich wiederholt an Grenzen gestoßen. Lassen Sie mir Zeit, darüber nachzudenken.«

Nachdenken sollte auch der Nachwuchswerber, der seinen Chef weitsichtiger einschätzt, als dieser ist.

Ich möchte, dass meine Qualität gratifiziert wird

»Ich würde es gut finden, wenn die obere Etage langsam beginnt, meine Qualität anzuerkennen und mich entsprechend zu fördern und auch zu gratifizieren.«

[Analyse] »Schweigen und hoffen, dass Sie in Ihrer Qualität erkannt werden, reicht nicht aus, um eine Gratifikation zu erhalten. Das wäre schön für Sie und auch schön bequem, aber realistisch ist Ihr Wunsch nicht, denn niemand rückt freiwillig die Kohle raus, nur weil Sie seriös performen. Mit Ihrer Passivität stecken Sie in der Sackgasse fest.«

[Empfehlung] »Aus dieser Sackgasse kommen Sie nur heraus, wenn Sie wiederholt und explizit Ihre Leistungen bei den Entscheidern kommunizieren, bei denen Sie um kurze Termine bitten sollten, um Ihre Erwartungen bis zum Jahresende klar zu kommunizieren.«

»Ernsthaft? So aufdringlich? Solche Forderungen sind mir zu direkt, damit stoße ich unseren Chef vor den Kopf, das ist nicht meine Art.«

»Ja, ich weiß, weil Sie zu fein oder zu gehemmt sind, um für Ihre Interessen zu kämpfen. Aber kampflos und ohne Engagement wird man Ihnen weder mehr Geld noch mehr Verantwortung geben.«

»Ich weiß nicht, ob sich dieser Aufwand für mich lohnt, denn am Ende so einer Verhandlung geht es bei mir um nicht sehr viel. Vielleicht maximal um 300 Euro netto im Monat.«

»Das nennen Sie nicht sehr viel? 300 Euro pro Monat bedeuten in 20 Jahren einen Zusatz-Cash von 72.000 Euro plus Zinsen. Davon können Sie 14-mal Teile des Winters auf den Malediven verbringen, einen Porsche Boxster oder einen Tesla kaufen, Ihre Wohnung anzahlen, Ihren zukünftigen Kindern das Studium finanzieren oder Ihrer Mama mehrere Kreuzfahrten schenken. Machen Sie, was Sie wollen, aber sagen Sie nicht, das sei nicht viel. Die Forderungsgespräche, die Sie führen sollen, sind satte 72.000-Euro-

Gespräche. Nehmen Sie sie ernst, denn beiläufig und halbherzig wird das nichts!«

»So habe ich das noch nie gesehen.«

»Es wird Zeit für diesen Perspektivwechsel!«

Mit der falschen Perspektive und zu viel Zurückhaltung kann man sich den beruflichen Weg erschweren.

Ich werde als Nerd diskreditiert

»Durch meine Introvertiertheit verbaue ich mir einiges in der Firma. Ich werde als verschrobener Experte wahrgenommen und trotzdem trauen mir viele kaum etwas zu, weil ich kein Selbstmarketing betreibe und komisch rüberkomme mit meiner Art. Andererseits liefere ich fachlich natürlich, denn das fällt mir nicht schwer. Nur die Lorbeeren dafür kassieren andere, die die Fortschritte, die wir erzielen, oben kommunizieren.«

[Analyse] »Ihre introvertierte Art und Ihr imposantes Fachwissen machen Sie auf den zweiten Blick sympathisch. Auf den ersten Blick erkennt man davon aber nichts, denn Sie geben zu wenig von sich zu erkennen. Mit meiner positiven Erstbewertung haben Sie also Glück, denn andere Kolleginnen, Kollegen sowie die Chefetage werden Sie als Nerd diskreditieren, um Sie kleinzuhalten, damit Sie mit Ihrer Expertise nicht zu viel Einfluss im Unternehmen gewinnen. Aus Angst vor Ihrer fachlichen Überlegenheit wird manche Kollegin und mancher Kollege über Sie streuen: ›Der ist fachlich klasse, aber nicht teamkompatibel, er ist halt ein Sonderling.‹ Diese Rufschädigung wird leider gelingen, denn wegen Ihrer Zurückhaltung bestimmen nicht Sie, was man über Sie denkt oder redet. Das tun andere, die sich das Maul über Sie zerreißen können, ohne Widerworte von Ihnen befürchten zu müssen.«

»Meinen Sie? Das wäre unfair mir gegenüber.«

[Empfehlung] »Das Berufsleben ist nicht immer fair, denn interaktionistisch gesprochen geben Sie mit Ihrem Verzicht auf Eigenwerbung Ihre Definitionsgewalt – so der soziologische Fachbegriff – in die Hände Ihrer Kolleginnen und Kollegen. Wer es gut mit Ihnen meint, so wie ich, stellt Sie in ein gutes Licht. Ihre Gegenspielerinnen und Gegenspieler machen das Gegenteil: Die lassen Sie schlecht aussehen und je häufiger sie das tun, desto mehr glauben andere im Unternehmen an Ihre Defizite. Das ist schlecht für Sie und deswegen wird es Zeit, in eigener Sache zu werben und damit gegenzusteuern.«

»Das liegt mir nicht. Ich sagte doch, dass ich introvertiert bin.«

»Ich weiß, und deswegen werden wir zusammen Einflussreiche in Ihrem Unternehmen suchen, die diese Eigenwerbung für Sie übernehmen können. Denen werden Sie oder Ihnen Wohlgesonnene vermitteln, dass Sie hinschmeißen werden, falls man Sie weiter als Nerd diskreditiert und nicht einmal oben erwähnt, welche Innovationen aus Ihrer Feder stammen. Und wissen Sie, warum die das dann für Sie tun werden?«

»Nein.«

»Weil sie erkannt haben, wie wichtig Ihre Expertise für das Unternehmen ist! Experten wie Ihnen wird gerne geholfen, weil man sie halten will, egal, ob introvertiert oder extrovertiert! Sie müssen sich also gar nicht selbst optimieren, sondern Sie bitten die anderen um Support.«

Fazit Jemanden zu diskreditieren, weil er nicht in den Mainstream des Unternehmens passt, ist eine Aggressionsform, die weitverbreitet ist und Tür und Tor zum Mobbing oder zum Bossing öffnet. Das Grundprinzip ist immer dasselbe: die einen erheben sich, um die anderen zum eigenen Vorteil zu deckeln, denn wer andere kleinmacht, kommt sich daneben riesig vor. Menschen, die so handeln, sind Scheinriesen, aber sie sind auch gefährlich, weil sie anderen das Leben schwer machen können. Damit derartige Aggressionen ins Leere laufen und Sie ungeschoren aus solchen Konflikten hervorgehen, bekommen Sie gleich Empfehlungen zum Umgang mit aggressiven Frauen und Männern in Ihrem beruflichen Umfeld. Die setzen darauf, dass Sie bei aggressiven Attacken zusammenzucken, sich ängstigen und nachgeben. Diese Erwartung sollten Sie zukünftig nicht erfüllen. Wie das geht, wird Ihnen im folgenden Kapitel erläutert. Sie werden sich wundern, dass die empfohlenen Gegenstrategien sogar Spaß machen können, solange Sie die aggressive Auseinandersetzung als das betrachten, was sie ist: ein Spiel, das wir gewinnen wollen.

KAPITEL 5

Umgang mit Aggressorinnen und Aggressoren

Fallsituationen – Analysen – Empfehlungen

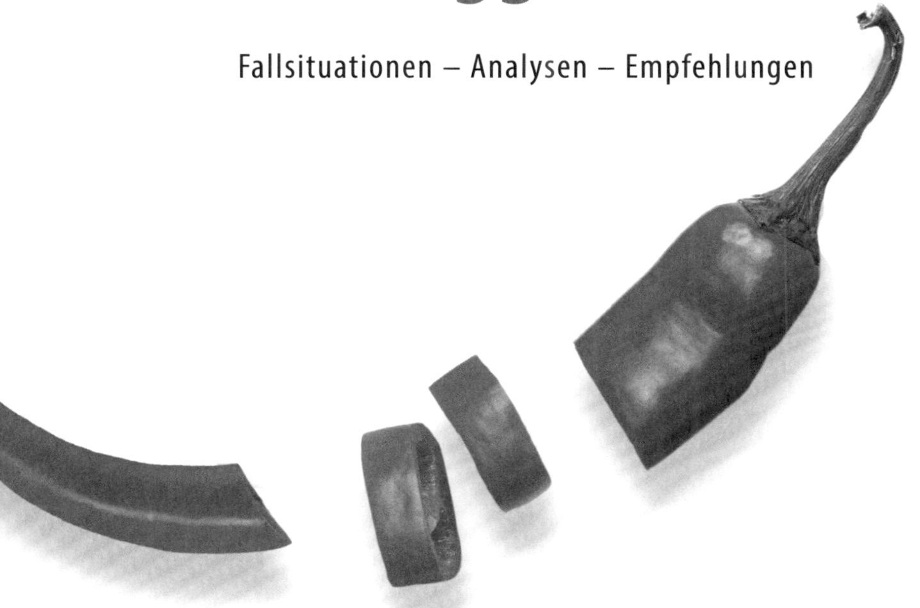

DER UMGANG MIT AGGRESSORINNEN UND AGGRESSOREN ist gewöhnungsbedürftig. Wir alle können auf derartige Auseinandersetzungen verzichten. Gleichzeitig ist es faszinierend, wie viel Kraft, Ausdauer und Resilienz aggressive Erfahrungen auslösen können. Mich haben die vernichtenden Rückmeldungen meiner Lehrer – »Dahinten meldet sich der Dumme« – im späteren Leben motiviert, nicht hinzuschmeißen, wenn mir die Luft ausging. Besonders gut kann ich mich an die Zeit des Schreibens meiner Doktorarbeit erinnern, die eine echte Herausforderung war, aber Hinschmeißen war keine Option, denn mir gefiel »der Doktor« besser als »der Dumme«.

Negative Erfahrungen mit Aggressoren, egal ob Lehrer, Kolleginnen oder CEOs, können zu einem Stachel in Ihrem Fleisch werden, der Sie piekst und schmerzt, der Sie aber auch antreibt, um es »denen zu zeigen«. Beim Nutzen dieser positiv-aggressiven Energiequelle möchte ich Ihnen helfen. Machen Sie aus dem Schlechten etwas Gutes! Das ist gar nicht so einfach, weil Aggressionen sehr unterschiedlich wahrgenommen werden. Ein falsches Wort aus Ihrem Mund kann von Ihrem Gegenüber als Mikroaggression gebrandmarkt werden – und schon kommen Sie in die Defensive und müssen der Personalchefin Rede und Antwort stehen sowie Besserung geloben. Ein freundschaftlicher Schlag auf Ihre Schulter, der Ihnen unabsichtlich eine Zerrung bereitet, wird dagegen als Versehen schnell entschuldigt.

Diese unterschiedlichen Wahrnehmungen können auch einen Verfassungsschutz-Präsidenten und einen Bankräuber betreffen. Vor einiger Zeit hatte ich den Präsidenten des Hamburger Verfassungsschutzes in meiner Sozialisationstheorie-Vorlesung zu Gast. Er referierte über die perfide Erziehung zum Kindersoldaten durch Extremisten. Ein herausforderndes Thema und ein übervoller Hörsaal, da sich zu meinen vielen Studierenden eine Gruppe der autonomen Szene gesellte, um gegen meinen Gast zu protestieren. Ihnen und auch einigen Studierenden missfiel, dass der Verfassungsschutz die linksradikale Szene angesichts ihrer partiellen Gewaltbereitschaft im Visier hat. Es wurden bei diesem Aufeinandertreffen Randale befürchtet, sodass die Polizei zum Schutz der Veranstaltung vor Ort war, sowie weitere zivile Sicherheitsbeamte, drei Fernsehsender und einige Pressevertreter.

Der Vortrag des Präsidenten wurde von den Autonomen immer wieder unterbrochen, sodass er pausieren musste, was aber weder ihn noch mich störte, denn wir waren aus unseren früheren Berufen Schlimmeres gewohnt. Er als ehemaliger Chef eines Sondereinsatzkommandos und ich als Kriminologe, der sich mit Gewalttätern »herumschlagen« musste. Kurz gesagt, es war ein anregender Tag an meiner University of Applied Science.

Warum erzähle ich Ihnen das? Weil ich einige Zeit später einen fünffachen, mittlerweile entlassenen Bankräuber zu Gast in meiner Vorlesung hatte. Ich kenne ihn von früher. Er berichtete von seinen Überfallplänen, die ja viermal »erfolgreich« gewesen waren. Die Reaktionen fielen völlig anders aus: Die Studierenden waren über diesen spannenden Besuch eines resozialisierten Schwerkriminellen begeistert. Proteste gegen den Schwerkriminellen blieben aus. Ganz im Gegenteil schlugen dem Bankräuber Faszination und viel Neugier entgegen.

Der staatstragende Verfassungsschutzchef wurde ausgepfiffen, weil er auch Linksradikale beobachten lässt, der Bankräuber wurde mit viel Sympathie im Hörsaal aufgenommen, weil er smart auftrat und es dem Bankensystem gezeigt hatte. Der eine setzt die legale Staatsgewalt ein, um den Rechtsstaat zu schützen, der andere pusht seine kriminelle Energie, um sich zu bereichern. Die Bandbreite aggressiven staatlichen und kriminellen Handelns ist gewaltig und auch das Business hat einiges zu bieten, wenn Sie an Begriffe wie ›feindliche Übernahme‹, ›Wirtschaftskrieg‹ oder ›die Konkurrenz ausstechen‹ denken. Glücklicherweise kommt unser Berufsalltag in der Regel nicht so krass daher, aber pazifistisch und aggressionsfrei ist er nicht.

»Gibt es eigentlich Leute, bei denen ich mir nur die Finger verbrennen kann und mit denen ich nicht in die Auseinandersetzung gehen sollte?«, fragte mich nach den beiden Vorlesungen einer meiner Studierenden.

»Ja, die gibt es. Nehmen Sie die Finger weg von den aggressiven Despoten! ›Ich zerstöre, also bin ich!‹ Dieser Denkansatz erlaubt uns einen Blick auf die Logik dieser Machtbesessenen. Sie haben imposante Positionen in Wirtschaft, Politik oder Verbänden errungen, haben sich hochgeschuftet, mit Intelligenz, strategischem Geschick, Fleiß und Ehrgeiz und einer Portion blanker Machtgier, die Mitbewerberinnen und Mitbewerber zurückschrecken ließen. Sie sind am Gipfel angekommen und haben nicht vor, diese Spitzenposition je wieder aufzugeben. Sie beharren auf ihrer Ausnahmestellung, weil sie sich für Ausnahmemenschen halten. Sie pflegen ihre Machterhaltungsrituale, unabhängig davon, ob die Zeit gekommen ist, Traditionelles über den Haufen zu werfen, um Innovationen Platz zu machen. Das Innovative gilt ihnen als unsicheres Terrain, das gefährlich ist und ihre Position gefährden könnte. Das missfällt den Machtbesessenen. Deshalb halten sie am Vertrauten fest. Sie prägt das zwanghafte Beharren, jederzeit alles unter Kontrolle zu halten, um nicht von Veränderungen überrollt zu werden. Wenn Machtbesessene herausgefordert werden, um Neuerungen Platz zu machen, zeigen sie ihre Omnipotenz und zerlegen jede neue Idee, die ihrer Agenda im Weg stehen könnte, nach dem Motto: ›Ich zerstöre, also bin ich: einflussreich!‹ So lenken sie die Geschicke in ihrem Sinn, weil sie es können und die Macht dazu haben.

Halten Sie sich von diesem Menschentyp fern! Es sind *House-of-Cards*-Despoten, die keine Hemmungen haben, auch Sie zu zerstören, sollten Sie absichtlich oder versehentlich ihre Bahnen stören. Eine Zusammenarbeit mit ihnen funktioniert nur zum Preis von 100 Prozent Loyalität und 100 Prozent Unterwerfung. Als Gegenleistung dürfen Sie sich im Dunstkreis des Sonnenkönigs oder der Sonnenkönigin bewegen und steigen weiter mit auf oder stürzen mit ab. Einen Austausch auf Augenhöhe wird es dabei nie geben. Machen Sie sich trotz schmeichelnder Worte keine Illusionen, denn Sie sind in den Augen der Machtbesessenen ein Niemand, der nur deswegen ein wenig leuchtet, weil er von ihrem Licht der Macht gnädigerweise ein wenig abbekommt.

Bis auf diese Ausnahme gilt, dass die folgenden Empfehlungen im Umgang mit Aggressiven funktionieren, solange Sie sie im richtigen Moment anwenden. Darin liegt die Kunst. Also denken Sie sorgfältig nach, was wo passen könnte. Folgen Sie dabei Ihrem Gefühl und Ihrer Erfahrung, sonst schaden Sie sich selbst.«

Soll ich den rauen Umgangston bei uns akzeptieren?

»Unsere Branche ist hart. Hier herrscht ein rauer Umgangston, aber das bin ich als Personalverantwortlicher gewohnt. Es passiert so häufig, dass ich das als normal akzeptiert habe. Ausländische Kollegen und Frauen bekommen in meiner Branche besonders schnell einen auf die Zwölf und mit mir geht man auch nicht zimperlich um. Kommunikativ sind wir letztes Jahrhundert, aber meine Methode, damit fertigzuwerden, nämlich links rein ins Ohr und rechts wieder raus, funktioniert nicht immer. Dann könnte ich aus Wut zurückschlagen.«

[Analyse] »Ihre Strategie ›links rein, rechts raus‹ ignoriert die provokativen Sprüche und wird von den großmäuligen Provokateuren als Zustimmung missinterpretiert, denn es gilt der Satz, wer nicht reagiert, stimmt zu, und genau das tun Sie. In Ihrer Position geht es in erster Linie nicht um Ihre Wut, sondern um den Schutz der Minderheiten, die vor Beleidigungen und sexistischer Sprücheklopferei zu schützen sind, wobei es sich bei Ihnen gar nicht um eine Minderheit handelt, denn Ihre internationalen Kollegen und Ihre Kolleginnen ergeben eine zahlenmäßig imposante Gruppe. Was bei Ihnen als ›rauer Ton‹ verniedlicht wird, ist aus der Zeit gefallen und wird einer modernen Personalführung nicht gerecht. Wenn Sie nicht aktiv werden, um Verbesserungen zu realisieren, wird Ihnen das früher oder später auf die Füße fallen. Dann haben Sie wirklich Grund, wütend zu sein.«

[Empfehlung] »Klar können Sie bei blöden Sprüchen, die in der Pause oder einfach zwischendurch fallen, spontan zurückschlagen: ›Das war ein dummer Spruch‹ oder ›Nerv nicht mit deinem Gerede‹ oder ›Ich finde es völlig daneben, was du hier raushaust‹. Das sind alles angemessene Reaktionen, die Ihrem Gegenüber deutlich machen, dass er mit seinem Gerede bei Ihnen als stellvertretendem Personalchef keinen Blumentopf gewinnen kann. Angesichts Ihrer Position sind diese Reaktionen auf unangemessenes Verhalten allerdings zu defensiv, denn es ist Ihr Job, die Kommunikation im Unternehmen zu verbessern.

Ihre spontane Reaktion ist als Erstreaktion okay, wenn auf sie, gerne am nächsten Tag, ein unmissverständlicher Hinweis an den verbalen Angreifer geht: ›Das wollen wir hier im Unternehmen nicht mehr haben und wer das trotzdem durchzieht, findet nicht meine Unterstützung und wird bei uns auch nicht gefördert. Mach dir das klar.‹ Damit ist der Preis für die Sprücheklopferei benannt. Das Gros der verbalen Angreiferinnen und Angreifer wird sich zukünftig zurücknehmen. Ein erster Schritt.

Gleichzeitig müssen Sie mit dem Vorstand die Firmenphilosophie in Richtung Wertschätzung im Unternehmen auf die Agenda setzen und strukturelle Maßnahmen zum höflicheren Umgang untereinander anschieben, sonst werden Sie mittelfristig als überholtes Unternehmen dastehen und Probleme bei der Personalfindung bekommen. Glauben Sie und Ihre Vorstandscrew, dass sich Frauen und internationale Kolleginnen und Kollegen heute noch dumme Sprüche um die Ohren hauen lassen wollen? Definitiv nein! Ihr Motto muss zukünftig lauten: *Change it*, nicht ignorieren!

Wie reagiere ich höflich auf eine verbale Attacke?

»Ich saß im Online-Meeting bei Teams und wurde fachlich von der Seite attackiert. Der angreifende Kollege hätte mich mit einer E-Mail oder einem Anruf vorwarnen können, dass er mit einem meiner Vorschläge nicht einverstanden ist. Dann hätte ich mir in Ruhe Gedanken zu seiner Kritik machen können, um eine ordentliche gemeinsame Lösung zu präsentieren. Das hat er aber nicht getan, sondern mich im Meeting unter Reaktionsdruck gesetzt. Er setzte auf den Überraschungseffekt – und der gelang ihm, denn ich war im ersten Moment sprachlos, und was mir im zweiten Moment als Erwiderung einfiel, war suboptimal bis vulgär, denn spontane fachliche Antworten sind nicht meine Stärke.«

[Analyse] »Es war das Ziel Ihres Angreifers, Sie schlecht aussehen zu lassen, denn sonst hätte er Sie vorgewarnt und Ihnen eine Nachricht zukommen lassen in folgendem Tenor: ›Ich bin mit dieser und jener Entwicklung in Ihrem Bereich unzufrieden. Haben Sie eine Lösungsidee für mich oder wollen wir das im Meeting gemeinsam besprechen?‹ Das wäre kollegial und zielführend gewesen. Ihr Kollege hat aber den konfrontativen Weg gewählt, indem er Sie herunterputzt, um sich selbst zu erheben.«

[Empfehlung] »Seien Sie bei derartigen Attacken äußerlich nicht empört. Bleiben Sie höflich und cool. Wie es innen aussieht, das geht niemanden etwas an. Erwidern Sie in ruhigem Ton: ›Interessanter Punkt, den Sie ansprechen, darüber denke ich in Ruhe nach‹, um sich Zeit zum Nachdenken zu verschaffen und nicht spontan – und damit fehlerhaft – zu reagieren. Innerhalb von 24 Stunden nach dem Angriff, also zeitnah, liefern Sie Ihrem Widersacher und dem Team per E-Mail Ihren Lösungsvorschlag, der alle halbwegs zufriedenstellt, und machen Ihrem Angreifer unter vier Augen oder per Telefon eine deutliche Ansage: ›Das war gestern ein inhaltlich guter Hinweis von Ihnen. Aber hören Sie mir bitte genau zu. Das ist jetzt wichtig für unser zukünftiges Miteinander: Machen Sie das nie wieder mit mir, mich ohne Vorwarnung in großer Runde anzugehen. Nie wieder, denn auf solche Überraschungsangriffe reagiere ich allergisch und nachtragend! Und mein Netzwerk ist über so etwas auch nicht begeistert. Sprechen Sie mich bitte zukünftig vorab unter vier Augen an. Sie wissen ja, dass ich Ihre fachliche Expertise schätze.‹ Die meisten Konfliktpartnerinnen und -partner werden über so eine Ansage nicht erfreut sein, denn der bedrohliche Unterton wird sie verärgern. Sie werden Ihnen auch nicht sofort zustimmen, sondern erst einmal weggehen. Abends im Bett werden sie darüber nachdenken, ob es sinnvoll ist, mit Ihnen und Ihrer nachtragenden Art in den Clinch zu gehen, denn auch Ihre Angreiferinnen und Angreifer analysieren Kosten und Nutzen und hätten so eine Aktion im umgekehrten Fall natürlich auch nicht toll gefunden!

Mich hat mein Angreifer nach so einer Rückmeldung gefragt: ›Was denn für ein Netzwerk?‹ Meine Antwort hat ihn auch nicht beruhigt: ›Sie müssen einfach nach oben schauen!‹ Der Rest erledigte seine Fantasie. Er wechselte vom Angriffsmodus mir gegenüber in eine höfliche Distanz. Das nenne ich Fortschritt!«

Im folgenden Fall liegt eine ähnliche Situation vor, nur mit einer alternativen Reaktionsoption. Vielleicht sagt sie Ihnen zu.

Kann ich eine Aggression einfach ignorieren?

»Sorry, dass ich noch so spät anrufe, aber ich bin auf 180 und werde in diesem Zustand nicht in den Schlaf kommen, denn der Idiot hat sich mit lauter Stimme und hochrotem Kopf vor versammelter Mannschaft über mich echauffiert. Keine Ahnung, was ihm über die Leber gelaufen ist, aber sein Auftritt war unangemessen und ich war sprachlos, hatte keinen Plan und im Nachhinein komme ich mir wie ein Idiot vor, zumal niemand das Wort für mich ergriffen hat, für ihn allerdings auch nicht.«

[Analyse] »Es hat niemand interveniert, weil man hoffte, dass der Sturm ohne Widerstand am schnellsten vorüberzieht. Viele werden sich ihren Teil gedacht und den Auftritt als unangemessen gewertet haben. Das spielt Ihnen in die Karten. Faktisch fällt der Angriff eher Ihrem Angreifer auf die Füße.«

[Empfehlung] »Damit Sie sich in solch einer Situation nicht als Idiot fühlen, beachten Sie folgende Regel: Die schlimmste Niederlage für einen Aggressor ist das Ignorieren seiner Aggression. Praktisch sieht das so aus: Während seiner Attacke schauen Sie ihn nicht entgeistert an. Sie versuchen auch nicht, ihm das Wort abzuschneiden, sondern Sie scrollen in Ihrem Handy, als ob das Ganze Sie gar nichts angehen würde. Dieses Verhalten können Sie auf der Regierungsbank im Bundestag immer wieder beobachten, wenn die Opposition zur Generalkritik ausholt. Sie gehen aber einen Schritt weiter: Denn nachdem die Schimpftirade beendet ist und alle Sie anstarren und auf Ihre empörte Reaktion warten, schauen Sie hoch und sagen: ›Sorry, ich war gerade nicht ganz bei der Sache. Können Sie das noch einmal wiederholen?‹ Diese Reaktion wird Ihren Aggressor fassungslos zurücklassen, denn sein Ziel war es, Sie mit seinem lauten Auftritt einzuschüchtern, Ihnen Angst einzujagen oder wenigstens in die Enge zu treiben – aber Sie haben das nicht einmal bemerkt und bitten jetzt um Wiederholung? Das ist seine Höchststrafe! Jetzt wäre er gezwungen, seine Performance zu wiederholen, was inszeniert aussehen und in der Meetingrunde höchstens albern ankommen dürfte. Daher wird er nach ein paar hilflosen Worten die Klappe halten. Voilà!

Sie stellen sich weiter ahnungslos und sagen: ›Kein Problem, das können Sie mir ja in der Pause noch mal kurz erläutern.‹ Dann scrollen Sie weiter in Ihrem Handy.

Am nächsten Tag nehmen Sie ihn sich unter vier Augen wie oben beschrieben zur Brust: ›Hören Sie mir genau zu, machen Sie das nie wieder …‹«

Ich werde weiter mit Schlamm beworfen, trotz mahnender Worte

»Mein Angreifer bewirft mich weiter mit Schlamm, trotz mahnender Worte unter vier Augen. Der macht einfach weiter, weil er glaubt, es sich leisten zu können, und weil es ihm an Respekt mir gegenüber mangelt. Der tritt auf wie ein Herrenmensch, ganz übel, von oben herab.«

[Analyse] »Er zeigt das typische Verhalten eines Arroganten, der sich für überlegen und unangreifbar hält, weil er derzeit in einer starken Position ist. Die hat er sorgfältig analysiert und er ist zum Ergebnis gekommen, dass er sich sein maßloses Auftreten erlauben kann. Er verhält sich so, weil er es kann, und er genießt seine vermeintliche Größe, sich über alle Gepflogenheiten hinwegsetzen zu können.«

[Empfehlung] »Den Zahn der Unangreifbarkeit müssen Sie ihm ziehen. Dabei reicht ein kleiner Riss in seiner aufgeblähten Fassade, damit seine heiße Luft entweichen kann. Das bekommen Sie aber nicht alleine hin. Gegen die Dreisten kämpfen Sie nur mithilfe Ihres Netzwerks, das ihm Respekt einflößen sollte, weil es mit Entscheiderinnen und Entscheidern Ihres Unternehmens besetzt ist.

Zu Ihrem Netzwerk könnte Ihre Personalchefin zählen, der Eigentümer des Unternehmens, die graue Eminenz, die Finanzchefin oder andere Personen mit Einfluss. Von Ihrem Netzwerk sollte Ihr Angreifer wissen, damit er begreift, dass er hier nicht gegen einen Lonely Wolf kämpft, sondern einem ganzen Rudel gegenübersteht.

Daher könnten Sie schon im ersten mahnenden Vier-Augen-Gespräch eine Formulierung einbauen, der Ihren Aggressor aufhorchen lassen dürfte: ›Übrigens habe ich unser Gespräch vorab schon mit unserer Personalchefin abgestimmt. *She is not amused.* Sie schätzt solche Attacken gar nicht. Nicht gut für Sie!‹ Der Angreifer antizipiert spätestens jetzt, dass er den Bumerang, den er in Ihre Richtung geschleudert hat, schnell selbst an den Kopf bekommen könnte.

Es ist wichtig, dass Sie diese archaische Aggro-Logik verstehen, denn diese Art Menschen werden erst dann höflicher, wenn sich die Macht gegen sie wendet. Diese Erkenntnis sollten Sie nutzen und dabei eine wichtige Regel beachten, die ich an dieser Stelle gerne noch einmal wiederhole: Um Ihr statushohes Netzwerk müssen Sie sich in Zeiten kümmern, in denen Sie es nicht brauchen! Wenn Sie sich erst um Mitstreiterinnen und Mitstreiter bemühen, wenn Ihnen der Arsch auf Grundeis geht, dann werden Sie mutterseelenallein untergehen, da sich die potenziellen Helfer dann instrumentalisiert fühlen und Ihnen den Support verweigern. Sorgen Sie in entspannten Zeiten vor für die Zeiten, die für Sie gefährlich werden könnten. Prävention statt Passivität heißt das Gebot der Stunde!«

Wie gehe ich mit einem eitlen Großmaul in Verhandlungen um?

»Mein Verhandlungspartner dreht schon durch, bevor wir überhaupt richtig mit dem Gespräch begonnen haben. Das ist total irre. Als wenn er sich ein Aufputschmittel reingepfiffen hätte. Undurchschaubar und unberechenbar wirkt sein Auftreten auf mich.«

[Analyse] »Sie haben es mit einem aggressiven Verhandlungspartner zu tun, der den großen Auftritt liebt, sehr von sich überzeugt ist und dessen Eitelkeit ihn zu einem immer exzentrischeren Verhalten antreibt.«

»Ja, er ist auch immer speziell gekleidet, Anzüge mit auffälligen Karomustern und Socken in schrillen Farben.«

»Okay, das unterstreicht seine Freude am besonderen Auftritt. Denken Sie nur daran, wie er morgens vor dem Ankleidespiegel steht und darüber nachdenkt, in welchem Kampfanzug er heute in die Verhandlungsschlacht ziehen sollte.«

[Empfehlung] »Kitzeln Sie seine Eitelkeit, denn seine größte Irritation ist Ihre Bewunderung seiner Aggression! Nutzen Sie dieses Wissen zum Beispiel mit folgenden Worten: ›Gestern habe ich beim Abendessen zu Hause kurz erwähnt, dass wir uns heute treffen werden. Ich habe meiner Frau erzählt, dass ich Sie für Ihre Dynamik und für Ihre Power bewundere und mir da eine Scheibe von abschneiden könnte. Wissen Sie, auch wenn Sie ein harter Hund sind und Sie mich das spüren lassen, habe ich mich auf unser Treffen richtig gefreut, weil ich unglaublich viel von Ihnen lernen kann!‹

Autsch, jetzt steckt der Aggressor im Dilemma, denn eigentlich will er Sie eintüten, aber nach Ihrem Statement wird ihm klar, dass Sie nicht nur sein Gegner, sondern auch irgendwie sein Schüler sind, der ihn bewundert und dem er als Lehrer helfen sollte. Diese ambivalente Situation wird ihn irritieren. Wird er deswegen nett zu Ihnen sein? Nein, aber seine Angriffslust ist geschwächt. Auf einer Skala von 1 bis 10 war er vor Ihrer Intervention eine glatte Aggro-10. Jetzt bringt er es gerade noch auf eine 5 oder 6, ein Ergebnis, mit dem Sie leben können, oder? Wird er jetzt aufhören, Ihnen aggressiv zu begegnen? Nein, aber er wird seine Aggro-Auftritte spürbar herunterdosieren und weniger entschlossen auftreten.

Wenn Ihnen das Kitzeln der Eitelkeit aber zu nett erscheinen sollte, dann lassen Sie es krachen! Das ist nicht unbedingt erfolgversprechend, aber es macht einen Höllenspaß! Sollte der Eitle wieder seinen Erregungspegel nach oben fahren, lehnen Sie sich in Ihrem Stuhl entspannt zurück und sagen ihm vor versammelter Mannschaft: »Sie wirken auf mich heute irgendwie erregt.« Danach wird der eitle Aggressor sprachlos sein und das ist gut. Oder er wird komplett durchdrehen – und das ist noch besser, denn für das Durchdrehen erwarten die Konferenzteilnehmer in der Regel vom Aggressor entschuldigende Worte. Dieses Spiel sollten Sie genießen. Merken Sie sich: Sein größter Gesichtsverlust ist Ihre Provokation!«

Ich fühle mich gemobbt

»Was soll ich machen, wenn sich die Aggressionen in Richtung Mobbing bewegen?«, fragte die Vertragsmanagerin im Ingenieursbereich. »Wie soll ich reagieren, wenn sich das Gehetze über mich über Wochen hinzieht? Was ist, wenn Teile der Firma anfangen, an meine Unzuverlässigkeit und an meine Abwanderungswünsche zu glauben, denn das wurde über mich gestreut. Dabei bin ich nicht unzuverlässig. Ich will auch nicht abwandern, denn ich fühle mich hier wohl, sowohl in der Firma als auch in der Region, weil meine Familie und meine Freunde hier leben. Andererseits kann ich die Gerüchte aufgrund ihrer Absurdität auch nicht ernst nehmen. Es ist alles so kindisch.«

[Analyse] »Wenn über einen längeren Zeitraum aus der Anonymität gegen Sie geschossen wird, dann werden Sie gemobbt. Je verrückter die Gerüchte sind, die über Sie kursieren, desto schneller wird geglaubt, dass da etwas dran sein könnte. Das alles ist nicht kindisch, sondern kann zu ernsthaften Problemen für Sie anwachsen.«

[Empfehlung] »Reagieren Sie sofort, wenn Gerüchte erstmalig bei Ihnen auftauchen, denn bis sie Ihnen zu Ohren kommen, haben alle anderen sie schon mehrfach gehört – und je häufiger sie Gerüchte über Sie hören, desto mehr steigt deren Glaubwürdigkeit und desto unglaubwürdiger werden Sie!

Ich selbst habe in solch einer Situation sofort mit meinem Chef, meiner Personalchefin und unserer grauen Eminenz gesprochen und sie um Unterstützung gebeten, um das Gerücht, ich würde meinen Dienstpflichten nicht nachkommen, aus dem Weg zu räumen. Diese Unterstützung wurde mir gewährt und das Gerücht verlor seine Glaubwürdigkeit. Worum ging es konkret? Über mich wurde gestreut, ich würde Vorlesungen schwänzen, um lukrative Vorträge in München, Mannheim oder Münster zu halten. Die Vorträge hatten alle real stattgefunden, allerdings hatte ich sie als angemeldete Nebentätigkeit außerhalb meiner Vorlesungszeit gehalten. Das Schwänzen war also gelogen. Von wem? Ich weiß es bis heute nicht. Als der anonyme Mobber bemerkte, dass die Angriffe gegen mich verpufften, stellte die Person ihr asoziales Verhalten ein. Genauso wird es auch Ihnen ergehen, wenn Sie sich kraftvolle Unterstützung suchen. Häufig misslingt es, die Mobber zu identifizieren, aber die Erfolglosigkeit des Mobbens führt zum Rückzug – und das ist Gold wert.

Prüfen Sie bitte zum Selbstschutz, mit welchen Themen Aggressoren Sie in die Defensive treiben könnten, und versuchen Sie, diese Themen proaktiv abzuräumen, denn wenn Sie Mobbern Paroli bieten, werden die Ihre schmutzige Wäsche aus der Schublade kramen, um Sie schlecht aussehen zu lassen. Gut, wenn da alles blitzblank ist!«

Der attackiert mich öffentlich auf LinkedIn

»Meine Güte, was haben Sie da für einen Stuss geschrieben! Wenn deutsche Professoren so einen Unfug verzapfen, dann wundert einen nichts mehr, und dass Sie Ihre Titel erwähnen, zeigt nur, dass Sie sich als Teil einer Elite sehen, die auf andere herabschaut. Ihre Kommentare in den sozialen Medien schreiben Sie nur, weil Sie noch mehr Geld wollen und den Hals nicht vollkriegen. Vermutlich waren Sie so blöd und haben sich in der Vergangenheit verspekuliert und sind jetzt pleite. Das würde Ihre ganze Hilflosigkeit erklären.«

[Analyse] »Das Ziel dieses Provokateurs war es, Ihnen die gute Laune zu verhageln, und diesen Etappensieg sollten Sie ihm auch gönnen, denn es ist schwer, sich beim ersten Lesen nicht zu ärgern. Immerhin hat er sich ja auch Mühe mit seinem Aufschlag gegeben und abgewogen, mit welchen Worten er die größte Wunde schlagen kann. So weit, so schlecht. Wie lange seine Provokation Ihre Stimmung trübt, darauf haben Sie allerdings großen Einfluss – und den sollten Sie auch geltend machen.«

[Empfehlung] »Lassen Sie die Provokation durch Ihr Ignorieren verpuffen. Legt Ihr Widerpart in den sozialen Medien öffentlich nach, antworten Sie humorvoll, aber nicht zynisch oder beleidigend, damit Dritte erkennen, dass Sie mit der Provokation gut umgehen können. ›Lieber unhöflicher Kritiker: Ich schreibe keinen Stuss. Professoren wie ich können das gar nicht, denn alles ist durchdacht und spiegelt meine Meinung wider, die Sie nicht teilen müssen, da Sie die Schönheit meiner Erkenntnisse nicht erfassen konnten.‹ Die Kommentare auf so ein Statement lassen Sie unbeantwortet. Damit geben Sie dem Provokateur Zeit, über die ›Schönheit Ihrer Erkenntnisse‹ nachzudenken. Bei diesem Gedanken werden Sie schmunzeln können und dieses Schmunzeln ist Ihre Eintrittskarte zur Provokationsimmunität, denn wer schmunzelt, ärgert sich nicht.«

Die dauerhafteste Provokation erfahren Sie in der beruflichen Auseinandersetzung mit Cholerikern, die durch kleinste Anlässe zur Weißglut getrieben und damit zu einer Belastung für jedes Team und Führungsgremium werden. Mit ihren cholerischen Ausbrüchen versuchen sie, Überforderungssituationen und Minderwertigkeitsgefühle zu kompensieren, ohne Rücksicht auf Verluste.

Dieser Choleriker bringt mich um den Schlaf

»Der Mann ist unerträglich und bringt mich immer wieder um den Schlaf. Man müsste ihn feuern! Das geschieht aber nicht und so treibt er sein cholerisches Unwesen in meiner Nachbarabteilung. Ich habe nicht direkt mit ihm zu tun, aber ich sehe, was er bei meinen Kolleginnen und Kollegen mit seiner zerstörerischen Kraft anrichtet. Er vergiftet unser Betriebsklima!«

[Analyse] »Sie schlafen unruhig, weil Sie nicht zur Ruhe kommen, denn die Gedanken an Ihren cholerischen Kollegen belasten Sie, obwohl er weder Ihr Chef ist noch direkte Berührungspunkte mit Ihnen hat. Er könnte Ihnen egal sein, ist er aber nicht, weil Sie sich verantwortlich für das gute Betriebsklima fühlen und seinen Umgang mit Ihren Kolleginnen und Kollegen als asozial empfinden. Ihre angespannte Stimmung schleppen Sie mit nach Hause, belasten damit Ihr Familienleben und Ihren Schlaf. Ihre Frau reagiert vermutlich mittlerweile schon gereizt auf die Geschichten, die Sie wieder und wieder über den Choleriker erzählen, denn sie hat selbst genug um die Ohren.«

[Empfehlung] »Sie können einen Choleriker nicht verändern. Verschwenden Sie auf den Versuch keine Zeit. Sie können zwei sinnvolle Dinge tun. Erstens können Sie eine Beschwerde bei der Personalabteilung zusammen mit Betroffenen initiieren, mit dem Ziel, dass er an einen anderen Standort versetzt oder gekündigt wird. Dazu müssen Sie vorab in informellen Gesprächen mit HR und Ihrer Chefin abstimmen, ob beide bereit sind, den Weg von Versetzung oder Kündigung mitzugehen. Die Wahrscheinlichkeit dafür ist groß, denn Ihr Choleriker dürfte HR und Ihrer Chefin schon kräftig eingeheizt haben, weil solche Menschen spontan und ohne jedes strategische Gespür agieren. Wenn Sie ein Go von der Leitung erhalten, ist Ihre Versetzungsinitiative erfolgversprechend und Sie können den Angriff gegen den Choleriker wagen. Er wird durchdrehen, wenn er davon erfährt, was Sie nicht weiter stören sollte, denn dieses Durchdrehen kann gegen ihn ausgelegt werden und damit seinen Abschuss beschleunigen.

Parallel können Sie sich persönlich optimieren, indem Sie den Choleriker vor Ihrem inneren Auge abwerten und sich selbst aufwerten. Er mutiert zum Rumpelstilzchen und Sie gleichzeitig zum Riesen. Dieses Gedankenspiel hilft Ihnen nicht nur, den Choleriker auf das richtige Maß zurechtzustutzen, sondern fördert auch Ihre Einsteckerqualität, so dass die Ausfälle dieses Kollegen Ihnen in naher Zukunft am A… vorbeigehen werden und Sie sich wieder auf die Themen fokussieren, die Ihnen beruflich und privat guttun. Dazu zählen Ihre eigentlichen Aufgaben im Unternehmen und natürlich auch Ihr verdienter ruhiger Schlaf!«

Ihre verbalen Spitzen treffen mich!

»Sie glauben gar nicht, wie sehr ich mich über ihre verbalen Spitzen ärgere. Das Getuschel, die Sidelines, das absichtliche Missverstehen meiner Äußerungen nervt, zumal sie das so offensichtlich macht, dass es jede und jeder mitbekommt. Richtig gemein wird es, wenn sie die fachliche Ebene verlässt und mich auf Ernährungsfragen anspricht, nur um damit auf mein leichtes Übergewicht und meine etwas pickelige und gerötete Gesichtshaut anzuspielen. Die ist mir sowieso unangenehm und sie sticht genussvoll in diese Wunde.«

[Analyse] »Das ist unterste Schublade und es ist verständlich, dass Sie sich über die verbalen Angriffe ärgern. Ihre Kollegin gehört zu den Menschen, die Ihnen Schaden zufügen wollen. Warum auch immer. An dieser Tatsache ändert weder ihr ansonsten charmantes Auftreten etwas noch ihr entschuldigender Satz: ›Das habe ich doch nicht so gemeint.‹ Betrachten Sie sie konsequent als Ihre Gegnerin, von der Sie nichts Gutes zu erwarten haben, und halten Sie sie auf Distanz.«

[Empfehlung] »Ihre Angriffe verraten Ihnen vieles, das Sie konstruktiv nutzen können. Erstens, Sie erfahren, in welchen Punkten die Angreiferin Sie für schwach und verletzbar hält. Diese Angriffsfläche sollten Sie kurzfristig optimieren, indem Sie etwa bei HR Bescheid sagen, dass die Frau, vermutlich nicht nur bei Ihnen, ein krasses Bodyshaming betreibt. Zweitens, ihre Angriffe enthüllen zudem ihre Sympathisanten im kollegialen Umfeld. Somit wissen Sie, wen Sie zukünftig auf Abstand halten sollten, denn wer Sie heute angreift oder den Angriff auf Sie gutheißt, wird sich auch in Zukunft nicht besser verhalten. Seien Sie diesen Personen gegenüber nachtragend.«

Werden Sie angegriffen, bietet Ihnen das die Gelegenheit, Ihre wahre Position im Unternehmen zu erkennen. Ziehen Sie daraus Ihre Schlüsse. Sollten Sie trotz dieses Erkenntnisgewinns wütend auf die Angreiferin sein, dann bauen Sie die Wut ab, indem Sie Ihrer Fantasie freien Lauf lassen, denn Ihre Fantasie ist ein rechtsfreier Raum, in dem Sie Ihrer Kollegin eine 1A-Abreibung verpassen können, ohne realen Schaden anzurichten. Das sollten Sie natürlich nirgends kommunizieren, denn es wirft kein gutes Licht auf Sie, es ist aber subjektiv für Sie sehr wohltuend. Wenn Sie Angriffe zukünftig nicht als Demütigung, sondern als Momente des Erkenntnisgewinns betrachten, werden Sie nicht mehr frustriert sein, sondern Ihren Spaß haben, nach dem Motto: Lasset die Spiele beginnen!«

»Ja, das wäre wohltuend.«

»Und by the way: Ihr Äußeres geht die Frau einen Scheißdreck an. Sie sind ja nicht als Model unterwegs, sondern als Controller, und wenn ich Sie wäre, würde ich sie in der nächsten Zeit mit der einen oder anderen Controllingfrage vor mir hertreiben. Sie hat ja um Ihre Aufmerksamkeit gebettelt.«

»Der Gedanke gefällt mir!«

Sie sehen: Es gibt eine Bandbreite an klugen, strategischen oder auch nicht so netten Optionen, sich gegen Aggressorinnen und Aggressoren zu behaupten, um die eigenen Interessen durchzusetzen und nicht zum Opfer zu werden.

Ganz anders sieht es aus, wenn Sie – absichtlich oder unabsichtlich – selbst zur Aggressorin oder zum Aggressor werden. Ein dummer Spruch reicht, um die Seite zu wechseln.

Mit diesem Witz habe ich sie bloßgestellt und mir geschadet

»Ich mache manchmal lockere Sprüche, aber jetzt bin ich zu weit gegangen, auch wenn ich das nicht so gemeint habe. Jetzt habe ich das Drama. Ich stehe schlecht da. Dabei bin ich kein chauvinistischer Typ. Dieses Toller-Hecht-Gehabe gegenüber Frauen ist sonst nicht meine Art.«

[Analyse] »Absichtliche oder unabsichtliche Angriffe, die Ihrer Kollegin ein negatives Image verpassen, gelten als Mikroaggression. Es reicht zu unterstellen, sie sei nicht schnell genug, nicht schlau genug, zu jung und unerfahren oder zu alt und daher mangele es ihr an Innovationskraft. Mikroaggressionen im Berufsleben sind Stigmatisierungen, die die Integrität oder die Leistungsfähigkeit Ihres Opfers betreffen, aber auch die Kultur, die sexuelle Orientierung, die Hautfarbe oder das Aussehen. Ihre erklärenden Worte überzeugen in diesem Kontext nicht und werden kaum ausreichen, um aus dieser Sexismus-Nummer wieder herauszukommen. Welcher Teufel hat Sie geritten, der einzigen Juristin in Ihrer Männerrunde ein gutes Abschneiden bei jedem Wet-T-Shirt-Contest zu bescheinigen, nur weil der Kellner versehentlich ein Glas Selter umgestoßen und sie etwas getroffen hatte? Das war kein Joke und schon gar kein Attraktivitätshinweis, sondern komplett übergriffig. Sie sind alt genug, um das zu verstehen, und die Zeit ist vorbei, in der Sie mit einem halbherzigen ›Sorry, war nicht so gemeint‹ davonkommen. Ihr Verhalten macht jetzt im Firmennetzwerk die Runde und Sie werden erfahren, dass die Cancel Culture sexistische Sprüche nicht verzeiht.«

[Empfehlung] »Sie haben es vergeigt und das Mindeste ist, dass Sie sich bei Ihrer Kollegin in aller Form entschuldigen und klären, mit welcher Form der Wiedergutmachung Sie den Ärger von Skala 10 auf Skala 4 herunterdosieren können. Mehr dürfte nicht drin sein. Fragen Sie weiter, wer aus Ihrem beruflichen Umfeld Ihnen hilft, Ihre Reputation in ein besseres Licht zu rücken, denn alleine werden Sie das nicht schaffen. Wenn beides gelingt, dann haben Sie die Chance, dass sich Ihr Fehlverhalten nicht zum Shitstorm aufschaukelt. Grundsätzlich gilt: Wer Fehler gemacht hat, sollte seine Schuld eingestehen und um Entschuldigung bitten. Ob Ihnen diese gewährt wird, hängt von Ihrem Opfer und Ihrem beruflichen Umfeld ab. Das Risiko, dass das für Sie schlecht ausgeht, müssen Sie eingehen, denn Sie sind der Täter und man wird es Ihnen in puncto Entschuldigung und Wiedergutmachung nicht leicht machen. Das Ganze ist gelaufen und nicht mehr rückgängig zu machen, aber es ist nie zu spät, den Versuch zu starten, die Dinge zum Besseren zu verändern.«

Kann meine Mikroaggression zum Karrierekiller werden?

»Ob Ihre Mikroaggression gegenüber Ihrem Logistikmanager, einem People of Colour, ein Karrierekiller ist? Das ist leicht zu beantworten.«

[Analyse] »Es kann zu dem Karrierekiller werden. Die Zeit der stillen Duldung sexistischer, rassistischer oder erniedrigender Demütigungen ist glücklicherweise vorbei. Sie werden nicht mehr schweigend ertragen oder als ›blöder Spruch‹ verharmlost, denn die Betroffenen wehren sich, wenn ihnen Beleidigungen um die Ohren gehauen werden. Reihenweise müssen Sportler, Politiker, Führungskräfte und stinknormale Mitarbeiterinnen und Mitarbeiter zurückrudern oder zurücktreten, weil sie Minderheiten herablassend behandelt oder stigmatisiert haben. Derartige Sprücheklopfer gelten im Berufsleben weder als team- noch als karrieretauglich. Sie schädigen durch ihre Mikroaggressionen nicht nur ihre Opfer, sondern auch das Unternehmen, für das sie tätig sind, und sich selbst, denn sie manövrieren ihre Karriere in die Sackgasse, weil ihr Umgang mit Minderheiten, Geschlechtern, sexuellen Orientierungen und Kulturen unsensibel ist, sodass sich Betroffene beleidigt fühlen und sich im Unternehmen öffentlich empören. Mikroaggressionen sind naturgemäß klein und zunächst harmlos, aber sie entfalten ihre destruktive Wirkung über Dauersticheleien. Viele Betroffene versuchen, die Sticheleien anfangs wegzulächeln, auf Dauer werden sie zu einer psychischen Belastung, die zwischen Verzweiflung und Wut hin- und herpendelt.

Ihre sehr ›deutsche‹ Frage an Ihren Kollegen ›Woher kommen Sie eigentlich‹ ist so eine Aggression und sie ist scheinbar nicht leicht zu beantworten, denn die wahrheitsgemäße Antwort des Logistikmanagers ›aus Köln‹ wurde von Ihnen nicht akzeptiert.

›Nein, ich meine, woher Sie *wirklich* kommen?‹

›Ach so, geboren bin ich in Stuttgart.‹

Wieder die falsche Antwort, zumindest aus Sicht des Fragers, der irgendetwas Internationaleres hören wollte, vielleicht Kapstadt oder Namibia.

Auf diese Weise wurde dem Logistikmanager seit Jahren seine deutsche Identität abgesprochen. Und nun auch in diesem Logistikunternehmen. Aus der Mikroaggression des Missverstehens erwuchs für ihn eine Makrobelastung.

Mikroaggressionen betreffen nicht nur People of Color, sondern alle, die von der Norm abweichen, zum Beispiel Frauen in männlich dominierten Berufen oder Menschen mit dem ›falschen‹ Body-Mass-Index.

Die Aggressionen kommen auf drei Ebenen zum Ausdruck:

- Bei der Mikroentwertung werden die Gefühle, Erfahrungen oder Gedanken einer Person subtil abgewertet oder abgestritten. ›Ihre Reaktion auf meine Kritik ist völlig überzogen‹, heißt es, oder ›Ihre externen Erfahrungen kann man nicht auf unsere Firma übertragen‹ oder ›Sie bewegen sich in einem Gedankenkarussell, das nur Verwirrung stiftet, aber nichts mit unserer Wirklichkeit im Team zu tun hat‹. All das sind Aussagen, die täglich im Berufsleben vorkommen können, aber mit denen die Gedanken der Betroffenen entwertet werden.
- Bei der Mikrobeleidigung werden die Betroffenen nonverbal durch abwertende Gesten oder beiläufige Sprüche erniedrigt, die von den Sprücheklopfern als normal empfunden werden und die bei Kritik empört mit den Standardsätzen reagieren: ›Das war doch nicht böse gemeint‹ oder ›Das wird man wohl noch sagen dürfen‹. Nicht der provokative Spruch des ›Täters‹ ist danach das Problem, sondern die Empfindlichkeit des ›Opfers‹. Eine klassische Schuldumkehr.
- Bei Mikroangriffen geht es mit verbalen und nonverbalen Attacken direkt zur Sache, wie bei der muslimischen Geschäftsführerin, die wiederholt im weltoffenen Hamburg auf dem Weg in ihr Start-up in der Hafencity von älteren Männern angerempelt wurde, die ihr dabei ›Geh dahin zurück, wo du herkommst!‹ an den Kopf schmissen.

Mikroaggressionen unterhalb direkter Angriffe kommen zurückhaltender daher, sie sind verschleiert, indirekt und subtil. Sie entfalten ihre Wirkung auf den zweiten Blick, dann, wenn die Situation schon gelaufen ist, wie im Foyer meiner Fakultät geschehen.

Ich wartete auf einen wichtigen Gast, ein hohes Tier. Während ich wartete, klönte ich mit unserem Facility Manager, der mir immer sagt: ›Nenn mich Hausmeister.‹ Ein cooler, durchtrainierter Typ, kunstvoll tätowiert, mit tollen Töchtern und einem Herz für den HSV, den Hamburger Fußballclub, der uns beiden aufgrund seiner Aufs und Abs Demut lehrt. Das letzte Spiel war verloren gegangen, wir leckten unsere Wunden und wurden dabei durch die Ankunft meines Gastes unterbrochen. Er begrüßte mich überschwänglich, als wären wir alte Freunde. Ich fühlte mich geschmeichelt. Gleichzeitig ignorierte er meinen Gesprächspartner, der war Luft für das hohe Tier. Blauer Overall, Tätowierungen – er hatte ihn offenbar als unwichtig abgescannt. Eine für mich unangenehme Situation und eine Mikroaggression meinem Fußballfreund gegenüber, denn für ein freundliches Nicken wäre Zeit genug gewesen.

Mir fiel diese Unhöflichkeit nach unten sofort auf, aber ich thematisierte sie nicht, um nicht unsere bevorstehenden Verhandlungen zu erschweren. Mein Ziel war ein erfolgreicher Verhandlungsabschluss und keine Lehrstunde in Benimmregeln für eine Spitzenkraft aus einer Behörde. Wohl fühlte ich mich in dieser Situation nicht und mein Facility Manager auch nicht, der mich später nur fragte: ›Was war das denn für eine Knalltüte?‹

Die Auseinandersetzung mit Mikroaggressionen ist eine schwierige Angelegenheit, gerade weil die Auslöser ›mikro‹ sind und doch so offensichtlich. Das Leugnen einer Attacke wird mikroaggressiven Angreifern leicht gemacht, denn alles bewegt sich in einer Grauzone, in die nur schwer Licht zu bringen ist:

- Kritik am Ignorieren ›meines‹ Hausmeisters hätte die Führungskraft leicht abtun können: ›Sorry, ich habe den Facility Manager gar nicht gesehen‹ und damit gleich eine weitere Mikroaggression hinterhergeschoben, die die Bedeutungslosigkeit des Hausmeisters noch einmal unterstrichen hätte.
- Hätte sich mein HSV-Freund über die Führungskraft beschwert, hätte er sich anhören müssen, er würde überreagieren und sei – trotz seiner toughen Tattoos – zu sensibel oder sogar selbst schuld, weil er das Übersehenwerden als Angriff gegen ihn gewertet habe.
- Die Führungskraft wird diese Passage – sollte sie sie lesen und sich wiedererkennen – als albern und übertrieben dargestellt empfinden und beiseiteschieben, da sie sich keine Gedanken über so einen Kleinkram machen möchte.«

[Empfehlung] »Machen Sie sich Gedanken über Ihre mikroaggressiven Handlungen und unterlassen Sie sie, bevor Sie im *Hamburger Abendblatt* oder überregionalen Medien mit der Schlagzeile stehen: ›Topmanager der Sozialbehörde diskriminiert Hausmeister‹. Spätestens dann wird aus einer mikroaggressiven Tat ein Makro-Karriereproblem. Messen Sie Ihr Handeln immer an der Frage: ›Ist es okay, wenn ich damit morgen in der Öffentlichkeit stehe?‹ Ist Ihre Antwort ›Nein‹, dann lassen Sie es!«

Der macht aus einer Mücke einen Elefanten

»Es war überhaupt nicht meine Absicht, hier irgendjemanden zu beleidigen. Seine Reaktion ist komplett übertrieben.« Er war mit einem Kollegen aneinandergeraten, beim Wortgefecht war der restringierte Code gesprochen worden und sein Konfliktpartner fühlte sich im Anschluss diskriminiert. »So redet der nur mit mir, weil er männliche Homosexuelle hasst«, beschwerte der sich. »So ein Blödsinn, mein Nachbar und mein Schwager lieben auch Männer und ich habe null Probleme damit. Der macht aus einer Mücke einen Elefanten.«

»Das ist ein passendes Bild, denn für Sie ist es eine Mücke, für ihn ein Elefant, und deswegen sitzen Sie jetzt in der Falle und stehen unter Druck.«

[Analyse] »Wenn bei Ihrer Mikroaggression Ihre Absicht fehlt, muss das nicht als Entschuldigung akzeptiert werden. Das macht Mikroaggressionen so unberechenbar. Fehlt dagegen bei Makroaggressionen die Absicht – und dieser Aspekt ist wichtig –, wird mit Nachsicht reagiert. Ob Sie einem Kollegen aus Wut absichtlich eine blutige Nase schlagen oder versehentlich beim Kopfballduell in der Betriebs-Fußballmannschaft das Jochbein brechen, wird sehr unterschiedlich bewertet. Der viel schmerzhaftere Jochbeinbruch war unabsichtlich und hat keine Anklage zur Folge. Man erwartet von Ihnen eine sportliche, entschuldigende Geste. *That's it.* Danach geht's für den verletzten

Sportsfreund ins Krankenhaus. Vielleicht wird die Härte Ihres sportlichen Einsatzes kritisiert, aber das führt meist nicht einmal zu einer roten Karte, da Ihre Absichtslosigkeit als Entschuldigung akzeptiert wird. Das absichtlich herbeigeführte, aber viel harmlosere Nasenbluten führt hingegen zu schärferen Konsequenzen: Anzeige, die Staatsanwaltschaft ermittelt, ein Strafverfahren plus richterliche Verurteilung können folgen.

Das sieht bei Mikroaggressionen völlig anders aus. Ihr unabsichtliches Fehlverhalten wird nicht als Entschuldigung akzeptiert. Ganz im Gegenteil, denn hier reicht es, wenn die betroffene Person, also das potenzielle Opfer, sich durch Ihre Blicke, Worte oder Gesten angegriffen *fühlt*, obwohl Sie das gar nicht beabsichtigten. Ob Sie falsch gehandelt haben, obliegt damit der subjektiven Bewertung der Betroffenen, die über ein dickes Fell verfügen kann oder hochsensibel und damit empfindlicher reagiert. Bei Mikroaggressionen bewegen Sie sich in einem Minenfeld.«

[Empfehlung] »Setzen Sie auf Prävention, denn die haben Sie selbst im Griff, das heißt, vermeiden Sie Stigmatisierungen jeder Art, vor allem gegenüber potenziellen Randgruppen. Wenn Sie es nicht tun und es steht Aussage gegen Aussage, ist die Wahrscheinlichkeit hoch, dass Sie den Kürzeren ziehen. So wie in diesem Fall, denn der fand seinen Weg in die digitale Öffentlichkeit.«

Jetzt laufe ich in einen Shitstorm

»Plötzlich finde ich meinen Streit im Netz wieder, alles wird zu meinen Lasten beschrieben und ich gelte unter dem Hashtag ›Homohasser‹ als ganz schlimmer Mann, gegen den es sich zu kämpfen lohnt. Das alles nimmt unheimliche Züge an, weil mein Klarname auftaucht und auch der Name unseres Unternehmens, das sich Vorwürfen ausgesetzt sieht, weil es diese Diskriminierung nicht verhindert hat.«

[Analyse] »Bei Mikro- oder Makroaggressionsvorwürfen, die in den sozialen Medien kommuniziert werden, wird es problematisch, denn hier gibt es keine Tataufklärung durch eine neutrale Instanz. Hier dominiert die anonyme Netz-Community, die sich anhand von Vermutungen unter dem Hashtag #Homohasser schnell ihr Urteil bildet. Die Empörung ist groß und die moralische Verurteilung auf dem öffentlichen Marktplatz des Internets folgt in Form eines Shitstorms. ›Die digitalen Gerichtshöfe der Moral kennen keine Prozessordnung‹, schrieb mir dazu der Geschäftsführer des betroffenen Unternehmens. Gehen derartige Konflikte viral, existiert die gesetzliche Unschuldsvermutung nicht mehr, sondern die Angreiferinnen und Angreifer stilisieren sich in den sozialen Medien zur Staatsanwältin und zum Richter in einer Person, deren Urteil bereits vor Verfahrensbeginn feststeht. Die anonyme Masse in den sozialen Medien verzichtet auf eine objektive Prüfung des Tatvorwurfs. Sie verkauft Vermutungen und Vorverurteilungen als Wahrheit.«

[Empfehlung] »Geraten Sie in solch einen Shitstorm, dann haben Sie öffentlich verloren, können aber Ihren Beruf und Ihre Familie retten, wenn es Ihnen gelingt, Chefs und Angehörige zu Ihren Supportern zu machen, die Ihnen mindestens hinsichtlich der Unschuldsvermutung zur Seite stehen. Die diskreditierenden Einträge im Netz zu Ihrer Person werden Sie nicht löschen können, aber Sie können sie mit medienanwaltlicher Hilfe einschränken und mit gut platzierten eigenen Statements im Netz Ihre Perspektive kommunizieren, auf die Sie bei Kritik an Ihrer Person immer verweisen können. Das ist nötig, denn Vorwürfe im Netz haben eine lange Lebensdauer.

Auch mein flammendes Plädoyer für mehr ›Biss im Business‹ in einem Digitalbeitrag stieß auf Gegenwehr. Im Schlusssatz des anonymen Statements schrieb der verärgerte Kritiker: ›… und dann muss ich mir auch noch ansehen, wie dieser Arsch mit seinem Porsche aus der Tiefgarage fährt.‹ Gut beobachtet, dachte ich, denn zu der Zeit fuhr ich tatsächlich einen gebrauchten 996er. Allerdings wusste ich nicht, wo der Aggressor mich gesehen hatte, an meiner Fakultät in der Hamburger City oder zu Hause in Blankenese. An beiden Standorten habe ich einen Tiefgaragenparkplatz. War es ein Nachbar? Ein Studierender oder eine andere erregte Gestalt? Das wird wohl für immer ein Geheimnis bleiben. Shit happens.

Wenn Kritik an Ihrer Person ins Rollen kommt, egal, ob sie berechtigt ist oder nicht, haben Sie kaum Einfluss auf den Verlauf des Shitstorms. Klüger ist es, den Shitstorm präventiv zu vermeiden, indem Sie regelmäßig prüfen, aus welchen Kleinigkeiten man Ihnen einen Strick drehen könnte.«

Begehe ich Fehler, aus denen man mir einen Strick drehen kann?

So fragte mich ein Manager vor seinem Aufstieg in die Topriege seines Unternehmens: »Mache ich Fehler, die ich nicht bemerke, also Fehler, die meine Karriere zukünftig gefährden können?« Er war auf dem Sprung, zum Finanzchef eines großen Unternehmens zu werden. Sein neuer Verantwortungsbereich war so beeindruckend wie sein neues Gehalt. Er war ganz wild auf diese Fehleranalyse, seit einer seiner Bekannten über Ungereimtheiten im Lebenslauf gestolpert war. Der hatte die Regel ignoriert: »Je höher man kommt, desto genauer wird man durchleuchtet!« Das sollte ihm nicht widerfahren.

Also durchstöberten wir seine Vita. Drogenmissbrauch? Sexuelle Eigenwilligkeiten? Steuerprobleme? Falsche Spesenabrechnungen? Machtmissbrauch in seiner bisherigen Position? Sexismus? Homophobie? Vorteilsnahme? Rassismus?

Wir fanden nichts, er war ein Unschuldslamm. Wir konnten uns entspannt zurücklehnen. Beim ersten Grauburgunder stellte ich meine letzte Frage: »Was haben Sie eigentlich für Freunde?«

Er berichtete daraufhin von seinem ältesten Freund, mit dem er schon im Sandkasten gespielt hatte und den er monatlich auf ein Bier traf.

»Was macht der denn so?«, wollte ich wissen.

»Der fährt viel Motorrad«, war seine Antwort.

»Ach, Motorrad, fährt er allein?«

»Nein, mit seiner Clique, er ist da so eine Art Kassenwart.«

»Hat die Motorrad-Clique auch einen Namen?« Ich musste ihm mittlerweile jeden Halbsatz aus der Nase ziehen.

»Ja, das klingt vielleicht ein bisschen komisch … Hells Angels …«

»Ist das Ihr Ernst? Ihr bester Freund ist Finanzchef bei den Hells Angels, einer kriminellen Vereinigung im Bereich der Organisierten Kriminalität? Und als zukünftiger Finanzchef eines international tätigen deutschen Unternehmens treffen Sie sich monatlich mit ihm? Worüber reden Sie da? Über Geldwäsche? Ihre Karriere wird schneller vorbei sein, als ich dachte! Wird das publik, sind Sie erledigt, weg vom Fenster, verbrannt. Außer Sie beenden noch diese Woche diese Beziehung. Dann wird Ihr *Angel* traurig bis sauer sein, aber Sie werden mit etwas Glück im neuen Job überleben, sollte er Ihre Beziehung nicht der Presse stecken.«

»Aber er ist mein ältester Freund! Wir reden nie über Finanzen, sondern über unsere Jugend, über Reisen, auch über Football.«

»Es ist völlig egal, worüber sie mit diesem Kriminellen reden. Entscheiden Sie sich: Geld und Karriere oder Männerfreundschaft und beruflicher Totalcrash!«

Er entschied sich gegen den Freund.

Fazit Die Hoffnung, dass wir uns immer korrekt und zur Zufriedenheit unseres Umfeldes benehmen, trügt. Es trügt auch die Hoffnung, dass wir generationenübergreifend immer den richtigen Ton treffen und die richtigen Worte und Gesten wählen. Der Mensch ist von Natur aus nicht nur gut, selbst wenn er es versucht. Wir sind keine Heilige. Wir haben – mit den Worten des Sozialpsychologen Erich Fromm – eine Seele zum Guten und zum Bösen. Neben der optimistischen gibt es immer auch die pessimistische Anthropologie, das Schlechte, das, was die Psychoanalyse Thanatos, also den Destruktionstrieb, nennt. Diese Erkenntnis sollte uns dazu bringen, toleranter mit den Fehlern unserer Kolleginnen und Kollegen, Familienangehörigen und Vorgesetzten umzugehen und dem Toleranzprinzip »Leben und leben lassen« zu folgen, denn wir alle sitzen im Glashaus!

Sind Sie Teddy oder Grizzly?

BEGONNEN HABE ICH DIESES BUCH mit dem »peperonischarfen Dutzend«, den Leitgedanken der Peperonis to go. Wer dieses Dutzend beachtet, ist in puncto Durchsetzungsstärke 1A aufgestellt!

Beenden möchte ich das Buch mit einem Dutzend Give-aways für Sie, also peperonischarfen Empfehlungen im Umgang mit herausfordernden Situationen. Alle Give-aways sind Ihnen im Text bereits begegnet und sollen hier noch einmal hervorgehoben werden, weil sie Ihnen dabei helfen, sich durchsetzungsstark zu positionieren.

1. Seien Sie berechenbar, denn Berechenbarkeit ist die Grundlage für Vertrauen und Vertrauen brauchen Sie, um Unterstützung in schwierigen Situationen zu erhalten.

2. Reagieren Sie schnell auf kleine negative Entwicklungen, damit sich nichts Großes entwickeln kann.

3. Vermeiden Sie Dauerkritik, denn die wird zum Stimmungs- und Innovationskiller, und favorisieren Sie die in Deutschland vernachlässigte Lobkultur, denn wenn Sie schon durchsetzungsstark sind, dann sollten Sie wenigstens sympathisch rüberkommen und Lob macht sympathisch.

4. Pflegen Sie Ihr dickes Fell, denn wer Sie kritisiert, hat die Schönheit Ihres Handelns nur noch nicht erkannt. Das hindert Sie natürlich nicht, über konstruktive Kritik nachzudenken.

5. Nehmen Sie wichtig, was Sie tun, aber nehmen Sie sich selbst nicht zu wichtig. Denn Ihre Position ist nur geborgte Macht auf Zeit. Wenn die abgelaufen ist, wird kein Hahn mehr nach Ihnen krähen.

6. Kümmern Sie sich um Ihre Widersacherinnen und Widersacher, solange sie noch im Wachstum sind, denn dann kann man sich ihrer leichter entledigen, als wenn sie zu wahrer Größe gewachsen sind.

7. Bewerten Sie Ihr berufliches Umfeld, ob es Ihnen positiv, negativ oder neutral gegenübersteht. Wer es gut mit Ihnen meint, weist Sie diskret auf Fehler hin und erfährt Ihren Support. Wer es schlecht mit Ihnen meint, kommuniziert Ihre Fehler öffentlich und bekommt nicht das Schwarze unterm Fingernagel. Wer sich Ihnen gegenüber neutral verhält, lässt Sie im Regen stehen, wenn es hart auf hart kommt, und ist keine Hilfe in der Not.

8. Setzen Sie auf Teamplay, denn die Zeiten des Lonely Wolf, der »Basta« ruft, ist vorbei.

9. Schieben Sie nichts auf den letzten Drücker, also prokrastinieren Sie nicht, sondern liefern Sie jeden Tag ein bisschen, sodass sich Ihr Engagement über die Zeit zu einem Berg des Erfolges addiert.

10. Nehmen Sie die Dinge ernst, die Sie machen, ohne sich selbst allzu ernst zu nehmen.

11. Bauen Sie Ihr statushohes Supporter-Netzwerk in Zeiten auf, in denen Sie es *nicht* brauchen. Prävention statt Passivität heißt das Gebot der Stunde.

Und zu guter Letzt:

12. Favorisieren Sie das Prinzip des pessimistischen Controllings unter Ihrer optimistischen Führung, denn dann werden Sie vorgewarnt, falls Ärger auf Sie zurollen sollte.

LIEBE LESERINNEN UND LESER, damit sind wir am Ende der Peperonis *to go* angelangt, sodass mir nur noch die Frage bleibt, ob Sie das Studium der Peperoni-Strategie beeinflusst hat.

»Ja, die Strategie hat mich beeinflusst«, resümierte ein Sales Manager, den ich sehr schätze. »Ich war zu 80 Prozent ein Teddy, habe jetzt 20 Prozent Grizzly in mir und wurde zu 100 Prozent zum Fuchs!«

»Lassen Sie mich nachrechnen: Dann sind Sie zu 200 Prozent zum Raubtier geworden. Respekt!«

»Ja, und wegen des Teddys zum Raubtier mit Herz!«

»Mehr geht nicht!«

DER AUTOR

Foto: Michael Kottmeier, K-Film

Prof. Dr. Jens Weidner lehrt Kriminologie und Sozialisationstheorie an der Fakultät für Wirtschaft und Soziales der Hochschule für Angewandte Wissenschaften in Hamburg.

Er arbeitete mit Gangschlägern in Philadelphia und behandelte zehn Jahre lang Kriminelle für die deutsche Justiz. Er entwickelte das Anti-Aggressivitäts-Training (AAT®) für Gewalttäter mit dem jährlich über 1 000 Aggressive in drei Ländern behandelt werden.

Er ist Miteigentümer des Deutschen Instituts für Konfrontative Pädagogik und Eigentümer der Peperoni-Strategie Online Management-Beratung auf LinkedIn.

Gleichzeitig untersucht er seit zwei Jahrzehnten die Machtspiele im Business, dozierte für das London Speaker Bureau und arbeitete als Management-Trainer am Schranner Negotiation Institute in Zürich. Sein Spezialgebiet: die Förderung der Durchsetzungsstärke und positiven Aggression bei Führungskräften.

Er ist Autor des Bestsellers *Die Peperoni-Strategie – So setzen Sie Ihre natürliche Aggression konstruktiv ein* und bekannt für seinen schwarzen Humor, den Bloomberg Television mit einem Augenzwinkern kommentierte: »Passen Sie auf, dass Ihnen seine Schärfe nicht im Hals stecken bleibt.«

Die Peperoni-Strategie to go knüpft an seinen Bestseller an, kann aber bestens angewandt werden, ohne den Vorgänger zu kennen.